◉JA経営の真髄

地域・協同組織金融と
JA信用事業

はじめに

　現在、JA 信用事業は二つの大きな課題に直面している。

　第 1 は、信用事業がどのような意義を持っているかが問われている。

　政府の「農林水産業・地域の活力創造プラン」は、「単位農協は、農産物の有利販売と生産資材の有利調達に最重点を置いて事業運営を行う必要がある」とし、信用事業は共済事業とともに「単位農協の経営における金融事業の負担やリスクを極力軽くし、人的資源を経済事業にシフトできるようにする」とされた。さらに信連や農林中金への信用事業譲渡も進められている。

　農協改革では、JA の信用事業が、組合員にとって、農業にとって、地域にとって、どのような意義があるかが問われている。それに応えて、どのような役割を果たすべきか、そのために必要な変革とは何かを JA 自らが考えるときである。

　第 2 は、長期化する超低金利という金融機関経営にとって大変厳しい環境に、いかに対応するかである。加えて人口減少、地域経済の低迷、企業・個人の借入需要の伸び悩みという構造的な問題もあり、金融機関のビジネスモデルは変革を迫られている。

　これは JA に限らず、日本のすべての金融機関の課題であるが、最近までの JA 信用事業の収支をみると、信連と農林中金による内外での資金運用によって JA の預け金利息の水準は概ね維持され、金利低下による貸出金利息の減少をある程度補ってきた。しかし、超低金利の継続による運用環境の悪化により、今後は預け金利息の減少も避けられなくなることが懸念される。

　本書は、『農業協同組合経営実務』2018 年 5 月号から 2019 年 4 月号に掲載された「JA 経営の真髄　信用事業」と題した連載をまとめたものであり、農林中金総合研究所の 12 名の研究員が執筆を担当した。

　第 1 部では、日本の地域・協同組織金融機関の歴史と環境の変化、および経営・事業戦略を紹介する。第 2 部では、欧州の地域・協同組織金

融機関による、再生可能エネルギーと農業融資に関する地域に密着した取り組みを紹介する。そして、第3部は、総合事業体としての事業推進、貸出、農業融資、店舗再編、経営戦略という、章ごとに異なる角度からのJA信用事業の分析である。それぞれ地域のなかでのJA信用事業の位置づけを明確にしたうえで、JAが組合員や利用者のニーズにこたえ、課題解決に向けて取り組む姿を紹介し、それぞれの取組みのポイントをまとめている。

　上記の二つの課題の直接的な回答にはならないかもしれないが、JA信用事業の現場で、信用事業の現状や今後のあり方について考えるヒントや検討の材料を読み取っていただければと思う。さらに、JAだけでなく、日本および欧州の地域・協同組織金融機関を調査・分析した結果も一冊にまとめたことで、JA信用事業を客観的に位置づけ、評価することにつながる材料になれば幸いである。

目　　次

はじめに

第1部　地域・協同組織金融機関

第1章　協同組織金融の形成と展開
……………………………………………………清水　徹朗　3

第2章　地域金融機関を巡る環境変化
―金融再生プログラム以降の金融行政から―
………………………………………………内田　多喜生　16

第3章　マイナス金利政策下における地域金融機関の経営戦略
―生き残りをかけた広域化戦略と深掘り戦略―
……………………………………………………古江　晋也　29

第4章　信用金庫の取引先支援
―貸出金残高減少に歯止めをかける―
………………………………………………田口　さつき　46

第5章　積極化する地銀の農業融資
……………………………………………………長谷川　晃生　57

第2部　欧州の協同組織金融機関

第6章　地域・協同組織金融機関と再生可能エネルギー
……………………………………………………寺林　暁良　　69

第7章　欧州の協同組合銀行
―農業融資への取組みを中心に―
……………………………………………………重頭　ユカリ　　80

第3部　JA信用事業

第8章　JA信用事業の渉外活動における諸課題
―総合事業体としての特徴を活かした事業推進―
……………………………………………………藤田　研二郎　　97

第9章　ローン利用者の行動に対応したJAの取組み
―住宅関連会社営業と職域ローンの事例―
……………………………………………………宮田　夏希　109

第10章　農業融資の現状とJAの取組み
……………………………………………………石田　一喜　123

第11章　金融機関の店舗再編の動向
―JAと銀行等の事例から―
……………………………………………………髙山　航希　136

第12章　特性を活かしたJA信用事業の展開
……………………………………………………斉藤　由理子　149

あとがき

第1部

地域・協同組織金融機関

第1章

協同組織金融の形成と展開

清水　徹朗

はじめに

　農協は長い歴史的過程を経て今日に至っており、今後の農協信用事業のあり方を考えるためには、農協をはじめとする協同組織金融がどのような思想的社会的背景の中で形成されてきたかを理解する必要がある。
　本章では、日本において古くから相互扶助の仕組みとして存在していた講・無尽や報徳社の歴史と、その後の協同組織金融の展開を解説する。

1．協同組織金融の特色

　農協（JA）は協同組織金融機関であるが、協同組織金融は株式会社形態をとっている他の金融機関と、どこがどう異なっているのであろうか。
　協同組織金融は、「協同組合銀行」と呼ばれることもあるが、協同組合原則（組合員制度、民主的運営、自主・自立等）に基づいて、組合員によって設立され運営されている。日本では農協（JAバンク）、漁協（JFマリンバンク）、信用金庫、信用組合、労働金庫がこれにあたり、これらの金融機関は組合員のために金融サービスを提供し、事業計画、決算承認、役員選出は組合員による総会（総代会）で決定される。

これに対して、一般の銀行は株式会社形態をとっており、銀行法、会社法に従って運営され、協同組織金融機関とは根拠法が異なっている。株式会社の銀行は、株主への配当を目的に利潤を上げることを最大の経営目標にしており、経営の決定権限を有しているのは株主であり、所有する株式のシェアに応じて議決権がある。そのため、銀行は系列化や買収が行われることがあり、外資によって買収されることもありうる。

　森静朗氏は、協同組織金融は配当を目的とする株式会社とは配分の原理が異なり、資本集中を止める作用を有していることを指摘している（農林中金調査部研究センター編『地域協同金融の理論と課題』1984）。

　なお、郵貯銀行は2006年より株式会社になっているが、日本郵政株式会社が株式の89.0％を所有し、日本郵政の株式は政府が56.9％を所有している。また、日本政策金融公庫や日本政策投資銀行も株式会社になっているが、政府が全株式を所有している。いずれも特別法によってその役割が規定されており、主要株主である政府が役員選出や事業方針の決定に大きな影響力を有し、他の銀行とは経営目標が異なっている。

2．江戸時代までの庶民金融―頼母子講と無尽講―

　現在日本に存在する協同組織金融機関は、他の銀行と同様に明治期以降形成されたものであるが、その前の時代の一般庶民に対する金融について振り返っておきたい。

　かつての日本の主要産業は農業であり、国民の大多数は農民であった。その農民は封建領主のもとで職業選択の自由、移動の自由が制限され、領主に年貢を納めることが強制されていた。多くの農民は自給自足的な生活を送っていたが、そのなかにあっても、農業生産力の増大に伴って余剰農産物の販売や商品作物の生産が徐々に行われるようになり、貨幣経済も次第に浸透していった。

　商品経済が未発達の段階では、天候不順や災害等によって十分な農作物の収穫ができないと、飢饉という生命に関わる重大問題になる。そのため、こうした事態に備えて社倉（穀物・金銭を共同支出して貯蔵し凶作

時に貸与）や義倉（有志者の義捐により穀物を貯蔵し窮民に給与）、常平倉（米価調整のため米穀を貯蔵）などにより穀物・金銭を困窮した人々に貸し出す制度が設けられた。また、農村部には五人組など相互監視・責任システムがある一方で、農作業の結（ユイ）や冠婚葬祭における相互扶助の仕組みも形成されていた。

一方、金融に類似した仕組みとして、頼母子講、無尽講[※1]が広く普及し、また質屋も庶民が利用できる重要な金融手段であった。講は寺社の参拝費用や営繕のための費用を積み立てるものとして中世に発生したものであり、伊勢講、富士講などの積立が広く行われた。さらに、講は構成員が積立を行い、くじや入札などによりその資金が利用できる相互扶助の金融として発展し、江戸時代の代表的な庶民金融となった。

森静朗氏は『庶民金融思想史』（1970）において、三浦梅園、佐藤信淵など講の意義を唱えた江戸時代の儒学者の思想を紹介している。

3．大原幽学の先祖株と二宮尊徳の報徳社

江戸時代末期に封建社会が次第に綻びを見せるなかで、その後の協同組織金融の展開に重大な影響を与えた人物が大原幽学（1797-1858）と二宮尊徳（1787-1856）である。大原幽学の先祖株と二宮尊徳の報徳社は、それまであった社倉、義倉や講などとは異なり、独自の思想に基づいたより組織的なものであり、日本における協同組織金融の先駆であるとされている。

大原幽学は尾張（愛知県）の生れであるといわれているが、儒学を学んで独自の道徳思想（「性学」）を唱えた。放浪の末、千葉県香取郡にたどり着き、地域の農民を救済するため、相互扶助の精神・道徳に基づいた先祖株組合を設立した（1840）。その仕組みは、先祖株として資金を出し合い耕地整理、共同購入、共同作業を行うとともに、困窮した人に対して貸し出しを行うというものである。先祖株組合は講と類似しているものの、より組織的で優れた取組みであったが、大原幽学の思想は幕府から危険思想とみなされ、先祖株組合は解散させられ、幽学は自刃し

た。

　一方、相模国栢山村（神奈川県小田原市）で生まれた二宮尊徳は、若くして両親を亡くし、勉学と労働に励んで河川の氾濫で荒れた家の再興を行った。尊徳は、儒教、仏教、神道からの影響と実践の中から「報徳思想」と呼ばれる思想を生み出し、道徳と経済の一致を唱えた。「報徳」とは「天・地・人の徳に報いるため徳行を実践する」ということであり、経済力に応じた分度を守り（無駄をなくし贅沢を慎む）、勤労と倹約で生まれた余剰を公共のために提供する（推譲）ことよって困窮を救うことができるとした。

　尊徳は小田原藩の家老服部家の財政建て直しに取り組むとともに、1820年に積立と貸し付けを行う五常講という一種の信用組合を創設し、43年には農民の相互扶助の組織である報徳社を設立した。さらに、尊徳の思想と実践は次第に広く知られるようになり、栃木県（桜町、日光）、茨城県（下館）、福島県（相馬）などにおいて、報徳仕法によって藩・村の経済復興を指導した。

　大原幽学とは異なり、尊徳は富田高慶、福住正兄、岡田良一郎などの優れた後継者に恵まれ、その思想は『報徳記』、『二宮翁夜話』などにより日本全国に普及するようになり、各地に報徳社が設立され、1911年には大日本報徳社が設立された。また、尊徳は修身教科書にも登場し、昭和初期には全国の小学校に薪を背負い読書する二宮金次郎の銅像が設置されるなど、二宮尊徳は学業と道徳教育の振興のため時の政府に利用されたということができよう。

 4．明治初期の銀行制度導入

　今日の日本で一般的に見られるような銀行が制度として導入されるのは、明治期になってからである。江戸時代にも大判、小判、寛永通宝などに代表されるように貨幣は存在していたし、幕府は貨幣を鋳造する「銀座」を設け、藩が発行する「藩札」（貨幣の一種）も流通しており、両替商も存在していた。

第1章　協同組織金融の形成と展開

しかし、明治維新以降、政府は岩倉使節団や留学生、外国人教師招聘などにより欧米の制度の吸収・導入に努め、貨幣制度の改革を進めた。まず、維新直後の1869年（明治2年）に造幣局を設立するとともに、銀行の前身である為替会社を設立した。また、72年に国立銀行条例を公布し、翌73年に4行の国立銀行が設立されたのを皮切りに、その後、全国各地に国立銀行が設立された※2。そして、82年には中央銀行として日本銀行が設立され、今日にいたる金融制度が整備された。

一方、75年にはイギリスの制度に学んで郵便貯金が開始され、さらに貯蓄銀行条例（83年）によって貯蓄銀行が設立された。また、農業分野の資金需要に対応するため、農工銀行、勧業銀行が97年に設立され、99年には北海道開拓のための北海道拓殖銀行が設立されるなど、農業金融の制度も整備されていった。

5．廃案になった信用組合法案

こうして近代的な銀行制度が確立していったが、これらの銀行は農村部に住む人々や小規模な事業者・商店が日常的に利用できるようなものではなく、農村部では商品経済・貨幣経済の浸透にともなって高利貸から金を借りて土地を失う農民も多くなった。そのため、政府は社会の安定のために一般庶民、とくに農村部の人々が利用できる金融機関を整備する必要があると考えるようになった※3。

そして、ドイツに留学・滞在した経験のある品川弥二郎（1843-1900）と平田東助（1849-1925）は、当時ドイツで発達しつつあった信用組合が参考になると考え、同様の制度を日本に導入するため、91年（明治24年）に信用組合法案を前年開設されたばかりの帝国議会に提出した。平田東助は、この年に『信用組合論』（杉山孝平と共著）を執筆して信用組合の必要性を訴えるとともに、1章を割いて報徳社との違いを説明した。

しかし、この法案は都市部の商工業者を対象としたシュルツェ-デーリッチュ式の信用組合をモデルにしたものであったため、農民が大多数を

7

占めている日本の実態には合わないとの批判が起きた。品川や平田がドイツに滞在していた1870年代前半はシュルツェ式のほうが広く普及しており、農村部を基盤とするライファイゼン式は、まだ西部のライン州を中心とした信用組合だったためだと考えられる。

結局、審議の過程で議会が解散になり、信用組合法案は成立せずに廃案になったが、平田東助が働きかけて92年に掛川信用組合（静岡県）が設立されるなど、各地に報徳社を母体にした信用組合が設立された。

6．ライファイゼン式の産業組合法制定

信用組合法案が提出された年に、横井時敬・高橋昌は『信用組合論』(1891)でシュルツェ式とライファンゼン式の差異を説明するとともに、農民が多数を占める日本ではライファイゼン式のほうが適していると主張し、内務省から提出された信用組合法案を批判した。なお、この本は実質的には農商務省の官僚であった渡部朔と織田一が執筆したとされており、渡部は横井時敬、高橋昌と同じ駒場農学校出身で、ドイツ留学から帰ったばかりであった。

ライファイゼン（1818－88）は、ドイツの西部ライン州で生まれ、高利貸に悩む農村の窮状を救おうと、49年にキリスト教精神に基づいた貧農救済組合を設立し、62年に信用組合を設立した。ライファイゼン式信用組合は、その後、ドイツや他の周辺国に広く普及していったが、渡部はその動向をドイツで見てきたと考えられる。

そして、信用組合法の廃案から9年を経た1900年（明治33年）に、農商務省が中心になって改めてライファイゼン方式を取り入れた産業組合法が議会に提出され成立した。産業組合法制定の中心人物であり09年に産業組合中央会の初代会頭となった平田東助は、品川弥二郎とともに産業組合の「生みの親」と称されているが、その一方で内務大臣として自由民権運動を抑圧するなど、国家主義的な人物であったとの評価もある（佐賀郁郎『君臣平田東助論―産業組合を統帥した超然主義官僚政治家』1987)[※4]。

産業組合法成立の前年には農会法（99年）が成立しており、産業組合は農会とともに農村地域の経済を支える機関として急速に普及し、1910年には7,308組合まで拡大した。なお、産業組合は当初信用事業と他事業の兼営は禁止されていたが、当時の農村の実態を踏まえて06年に他事業兼営を認められることになり、それが「総合農協」として今日に至るまで受け継がれている。

7．報徳社を巡る柳田国男と岡田良一郎の論争

　産業組合法が成立したちょうどその年に、東京帝国大学法科大学を卒業して農商務省に就職したのが柳田国男（1875-1962）であった。柳田国男は、学生時代に農政学を学び[※5]、三倉（社倉、義倉、常平倉）の研究を行うなど、その出発点から農民の経済的救済（経世済民）を考えていた人物であった。

　柳田は、農商務省には2年しか在籍していなかったが、制定されたばかりの産業組合法の普及の仕事を行い、1902年に『最新産業組合通解』を執筆した。柳田は、この著書で「農業近代化のために小資本、小農は協同の力によって大資本と対抗する必要がある」として産業組合の意義を主張する一方で、報徳社を「二宮尊徳翁の創意に成れる所謂報徳社の組織は、亦貧富懸隔の極弊に備え、小産業者の利益を保護するの点に於て、産業組合と目的を同くせり」と評価しながらも、管理手法が古く普及状況も不十分であると指摘した。さらに、柳田は、「報徳社と信用組合との比較」（『時代ト農政』1910）において、報徳社の組織、事業目的、教育的効果に優れた点があることを認めつつも、入札貸付制度、無利息貸付は新しい時代に適合せず、また組織・事務が保守的・形式的で資金規模も十分ではないとして、信用組合の優位性を主張した。

　これに対して、報徳社の中心的人物であった岡田良一郎（1839-1915）[※6]は、柳田の批判に対して強く反発し、信用組合と報徳社は中産以下の人々の福利増進を目的とするという点では同じであり、信用組合にも報徳思想が必要であると反論した（「柳田国男氏の報徳社と信用組合

論を読む」)。

　報徳社はその後も存続し、二宮尊徳の熱烈な支持者によって支えられたものの、産業組合が急速に普及していくなかで報徳社の影響力は弱まり、今日では、報徳社を前近代的な組織だと批判した柳田の見解が一般には受け入れられているようである。

　しかし、ナジタテツオ氏（シカゴ大学名誉教授）は、『相互扶助の経済―無尽講・報徳の民衆思想史』（2015）において講や報徳思想を高く評価し、柳田国男の報徳に対する理解は表面的であり、その主張は「農業の現場にうとい学者の理論」だとして、柳田の「近代主義」と道徳思想を失った今日の「銀行」を批判している。新古典派経済学の牙城ともいうべきシカゴ大学にいたナジタ氏がこうした主張をしていることは非常に興味深いことである。

8．農山漁村経済更生運動と産業組合

　日本資本主義の発展の過程で地主と小作農の対立が激しくなるなかで、米穀法（21年）、小作調停法（24年）、自作農創設維持政策（26年）などの対策がとられたが、29年に発生した世界恐慌は日本にも波及し、昭和恐慌は農村に深刻な打撃を与えた。そのため政府は、農村の窮状を改善するため、32年より農山漁村経済更生運動を展開し、その運動の中心的担い手として産業組合が位置づけられた。その結果、産業組合の農家加入率は30年の61％から40年には95％になり、産業組合は日本の農村の隅々まで行きわたる組織となった。

　こうしたなかで影響力を強めたのが、階級対立を超えて協同組合（「共存同栄」）によって資本主義の矛盾を解決していこうとする「協同組合主義（産業組合主義）」であり、千石興太郎や本位田祥男は、協同組合（産業組合）を普及し経済のなかで支配的地位を得ることにより資本主義がもたらす問題の解決が可能であると主張した[※7]。

　また、日本は満州事変（31年）以降の戦時体制のなかで経済統制を強め、38年に国家総動員法が制定され、43年には農業団体法によって産業組合

は農会と統合して農業会になり、農業団体は国家機構の末端組織として位置づけられることになった。なお、この年に産業組合中央金庫は農林中央金庫と改称し、農林漁業の中央金融機関としての性格が強まった。

　この時期の農業金融の展開においてもっとも大きな影響力を有した人物が小平権一（1884-1976）であった。小平は東京帝国大学農科大学、法科大学を卒業後、農商務省に入省し、小作問題を担当した後、産業組合中央金庫の設立（1923）において中心的役割を果たし、30年には大著『農業金融論』を執筆した。また、32年に更生経済部長、38年に農林次官になり、その後、大政翼賛会総務局長、中央農事会副会長に就任するなど統制経済の中核的人物であった。そのため戦後は公職追放になったが、51年から7年間、農林中金の監事を務め、55年から70年まで協同組合短大教授であった。

9．戦後改革と農協の設立

　日本は戦争に敗れ、GHQによる占領下のなかで戦後改革に取り組んだが、GHQは日本の軍国主義の温床が封建的な農業・農村制度にあったとし、45年12月に「農地改革に関する指令書」（「農民解放指令」）を日本政府に示し、これに基づいて農地改革が行なわれた。また、GHQはこの指令書において、「農民の利害を無視した農民及び農業団体に対する政府の権力的統制」が問題であるとして、「非農民的利害に支配されず日本農民の経済的文化的向上を目的とした農業協同組合を育成する計画」を作成することを日本政府に指示した。

　当初、日本政府（農林省）は、農業会を改組して農協を設立することを計画していたが、GHQの方針は強固であり、何回かの交渉の結果、農業会は解散（清算）せざるを得なくなり、その直後に新たに民主的な制度に基づいた農協が設立された（47年農協法制定）。しかし、現実には農業会の資産・事業は農協に受け継がれ、農業会の職員も大半は農協に採用された。こうして戦後の農協は、戦時中の農業会を経ることにより、営農指導事業、農政活動を農会から受け継ぐことになった。なお、農協

法制定の際に、信用事業と他事業の兼営の是非に関する議論があったが、最終的には農村の実態を踏まえて兼営が認められることになった。

しかし、発足直後の農協は経営難に陥り、50年に農協経営健全化のため財務処理基準令が設けられるとともに、51年に再建整備法が制定され、農協は政府の支援のもと経営再建に取り組んだ。こうしたなかで、51年に農業委員会が発足すると、農村更生協会（会長石黒忠篤）が、農業委員会に農協の生産指導の機能を吸収し旧農会のような農業団体を新たに設立するという農事会法案を提案した。しかし、すでに農業会の農業技術員の一部を採用して事業を始めていた農協系統はこの構想に強く反発し、52年に開催された第1回全国農協大会において農協が営農指導事業を担う方針を示した。また、54年に全国農協中央会と全国農業会議所が設立されると、両者の間で農業団体のあり方を巡る論争が起きたが、その後の政治決着で今日に至る農業団体の仕組みが確立した（農業団体再編成問題）。

一方、1886年（明治19年）の漁業組合準則によって漁場管理団体として出発した漁業組合は、1938年に貯金業務を認められたが、戦後は水産業協同組合法（48年制定）に基づく協同組合として再出発し、その後、漁協は漁業・漁村の金融機関として重要な役割を果たしてきた。

なお、戦後改革の過程で農業共済制度（47年）、農業改良普及制度（48年）が設けられ、53年には農林漁業金融公庫が設立されたが、いずれも農協の事業と競合する面があり、相互の調整問題は今日まで続いているということができる。一方、農業基本法（61年）に基づいて設けられた農業近代化資金は、政府の利子補給を受けて農協を通して融資され、農林公庫資金とともに日本農業の近代化に大きく貢献した。

10. 信用金庫と信用組合の再出発と発展

すでに説明した通り、1891年に提出された信用組合法案は成立せず、その後設立された信用組合は1900年に成立した産業組合法のもとで事業を展開することになった。

しかし、産業組合法は主に農村部を対象にしていたため、中小の商工業者から都市部の新たな金融機関設立の要望が高まり、17年に産業組合法の改正という形で「市街地信用組合」の制度が設けられた。さらに、43年に農業団体法によって産業組合が農会と統合して農業会に改組された際に市街地信用組合法が制定され、信用組合は農業会とは別の組織となった。

戦後、この市街地信用組合は、49年に成立した中小企業等協同組合法に基づく「信用協同組合」となったが、51年に信用金庫法が制定され、一部の信用組合は単独法に基づく金融機関（信用金庫）になった。その一方で、中小企業等協同組合法に基づく信用組合として残った金融機関もあった。なお、50年に全国信用協同組合連合会が設立されたが、51年に全国信用金庫連合会に改組し[※8]、2000年には信金中央金庫に改称した。

また、大正期に無尽の仕組みを活用した営業無尽が普及したのに対応して1915年に無尽業法が制定され、これに基づいて無尽会社が金融事業を行っていたが、これらは戦後の51年に制定された相互銀行法に基づいて相互銀行に転換した（今日では「第二地銀」となっている）。また、52年には労働組合、生協等を会員とする労働金庫が設けられた。

なお、戦前の36年に商工組合等を会員とする商工中金が設立されたが、49年に国民金融公庫、50年に住宅金融公庫、53年に中小企業金融公庫などの政府系金融機関も設立され、一般国民、中小企業に対する金融制度が整備された。

11. 農協信用事業の発展と再編

こうして戦後再出発した農協は、55年頃から始まる高度経済成長のなかで順調に事業規模を増大させ、日本農業の発展、農家・農業者の経済的・社会的地位の向上に大きく貢献した。

信用事業についてみると、60年に6,486億円であった貯金金額は、80年24.4兆円、2000年70.3兆円となり、17年には100兆円に達した。また、貸出金額も60年は3,103億円であったが、80年10.3兆円、2000年22.1兆円、

17年20.3兆円になっている。

　また、金融・事務の機械化、IT化に対応してATMの設置、カード発行、クレジット会社設立などの対応を行い、外国為替業務なども拡大した。さらに、交通手段の発達、事務のシステム化、農家数減少等の農業構造の変化に対応して農協合併、店舗統廃合を進め、農協の数は1960年には12,221組合であったが、80年に4,546組合になり、2018年では679組合になっている。

　一方、日本経済の国際化に伴って進行した金融の自由化・国際化、証券化などの大きな環境変化に対して、農林中金を中心に対応してきた。しかし、バブル経済とその崩壊過程で農協信用事業は住専問題に巻き込まれ、その処理の過程で形成された新たな金融制度への対応が迫られた。そして、2001年にJAバンク法が制定され、セーフティネットの強化と業務効率化を目的に農協、信連、農林中金が一体的に信用事業に取り組む「JAバンクシステム」が構築され、その後、信連と農林中金の統合、1県1JAなどの動きが進んだ。また、農林中金は自己資本比率規制などの国際金融規制（BIS規制）への対応を進めてきたが、2008年にリーマンショックという国際的な金融混乱に巻き込まれ、農協、信連の増資によって克服してきた。

　農協信用事業（JAバンク）は、協同組織金融機関として農村部を中心に日本全国の地域に定着しており、今後も地域農業、地域社会の維持・発展に対する貢献が求められている。土地・水と不可分の関係にある農業は、本来地域に根差し協業的な性格を有する産業であり、地域を超える原理を有する株式会社には適しておらず、世界的にも家族経営が主流である。その地域農業を支える農協も、一部の株主に決定権限がある株式会社形態は適しておらず、今後も協同組織金融機関として維持・発展していく必要があり、農協系統は創設当初の思想と理念を再確認する必要があろう。　　　　　　　　（『農業協同組合経営実務』誌2018年5月号掲載）

※1　「講」とは仏教経典の講義を行う儀礼のことであり、「無尽」とは永遠に尽きることのない世界のことで、華厳経や観音経の中にある言葉である。また「頼母子」は人に「頼

む」に由来するという説があり、頼母子講と無尽講はほぼ同義で用いられている。なお、近年、途上国のインフォーマルな金融として頼母子講と同様の回転型貯蓄信用講がマイクロファイナンスとの関連で研究者から注目されている（泉田洋一「農村金融の発展と回転型貯蓄信用講（ROSCAs）」1992）。

※2　「国立銀行」とは、米国のナショナルバンク（「国法銀行」と訳される）をモデルにした「国の法律にもとづいて設立された銀行」であり、国が設立・運営するものではなく、民間資本によるものであった。

※3　当時、東京帝国大学の財政学教授として招かれていたドイツ人教師エッゲルトは、『日本振農策』（1891）（89年に国家学会で行った講演を織田一が翻訳）で信用組合の意義を主張した。

※4　1921年（大正10年）に九段会館の前に平田東助の巨大な銅像が建てられたが、昭和館建設にともなって1996年に全中教育センターの地（町田市）に移設された。しかし、2020年にこの地が東京都に返還されるため、平田東助像は生誕地である山形県米沢市に再度移設されることになった。

※5　柳田国男は帝国大学で、ドイツでワグナー（歴史学派の経済学者）に学んだ松崎蔵之助の農政学を受講したが、柳田はイギリス功利主義（ミル等）の影響も受けており、それが彼の農業近代化の主張に影響しているとの指摘もある（藤井隆至『柳田国男―経世済民の学』1995）。なお、柳田国男より1年遅れて東京帝国大学に入学した河上肇も松崎から農政学を学び、『日本尊農論』（1905）、『日本農政学』（1906）を執筆しており、『日本農政学』では農業金融、産業組合について論じている。

※6　岡田良一郎は二宮尊徳から直接教えを受けた人物であり、掛川信用組合を設立し、その後の報徳運動の代表的人物であった。長男の岡田良平は、東京帝国大学哲学科を卒業した後、京大総長や文部大臣、産業組合中央会会頭を務め、二男の一木喜徳郎も、文部大臣、内務大臣、枢密院議長に就任するなど、息子たちは大正期から昭和初期にかけて国家の中枢で仕事をした。

※7　こうした主張に対して、近藤康男は『協同組合原論』（1934）で、産業組合の機能は商業利潤の節約であり、産業組合によって資本主義そのものを改革することはできないと批判し、奥谷松治（『日本産業組合批判』1936）や井上晴丸（『日本産業組合論』1937）も産業組合主義を批判した。

※8　その後、54年に全国信用協同組合連合会が再度創設され、今日に至っている。

第2章

地域金融機関を巡る環境変化
―金融再生プログラム以降の金融行政から―

内田 多喜生

 はじめに

　現下の地域金融機関を取り巻く環境は、バブル崩壊後の「失われた20年」と呼ばれる長期の景気低迷とそれに続く低成長、高齢化や人口減少にともなう地域の社会経済の疲弊、そのうえに日本銀行による量的・質的緩和、マイナス金利導入といった施策が加わり、非常に厳しい状況にある。

　この間、金融当局は、とくに2000年代以降、地域金融機関に対し合併等による収益力、健全性の強化を求める一方で、リレーションシップバンキングとそれを引き継ぐ地域密着型金融、具体的には担保や保証といった形式ではなく借り手の事業内容や将来の経営持続性に配慮した融資を、新しいビジネスモデルの一つとして地域金融機関に求めてきた。

　本稿では、とくに後者の取組みに着目し、金融当局の方針等を振り返るとともに、それらの取組みの成果と地域金融機関の現在の課題について、計数面も含めて整理する。

第2章　地域金融機関を巡る環境変化

1．金融再生プログラム公表以降の金融政策

(1) 金融再生プログラム公表とリレーションシップバンキングの導入（2003 ～04）、金融改革プログラムと地域密着型金融の推進強化（2005～06）

　図表1は2002年金融再生プログラム公表以降の地域密着型金融に関連する金融政策を示したものである。2002年10月31日に公表された金融再生プログラムは、副題に、「主要行の不良債権問題解決を通じた経済再生」とあるように、主要行の抱えていた多額の不良債権処理の遅れが日本経済の再生を阻んでいるとし、その積極的な処理を主要行に促すものであった。一方、中小・地域金融機関（地方銀行、第二地方銀行、信用金庫及び信用組合）の不良債権処理は、主要行とは異なる特性を有する「リレーションシップバンキング」[1]のあり方を多面的な尺度から検討したうえで、2002年度内を目途に「アクションプログラム」を策定するとし

図表1　リレーションシップから事業性評価にいたる金融行政の流れ

2002年	10月	金融再生プログラム-主要行の不良債権問題解決を通じた経済再生-
		⇒地域金融機関の不良債権処理については、主要行とは異なる特性を有するリレーションシップバンキングのあり方を多面的な尺度から検討
03年	3月	リレーションシップバンキングの機能強化に関するアクションプログラム（03～04年度）
		⇒リレーションシップバンキングの機能を強化し、中小企業の再生と地域経済の活性化を図るため各種の取組みを進めることによって、不良債権問題も同時に解決。リレーションシップバンキングの機能強化計画の提出
03年	6月	事務ガイドラインの改正
		⇒リレーションシップバンキングの機能の一環として行うコンサルティング業務等取引先への支援業務が付随業務に該当することを明確化
04年	12月	金融改革プログラム
05年	3月	地域密着型金融の機能強化の推進に関するアクションプログラム（05～06年度）
07年	4月	地域密着型金融の取組みについての評価と今後の対応について（金融審議会第二部会報告）
07年	8月	監督指針の改正⇒時限プログラムから恒久的な枠組みへ
08年	9月	リーマンショック
09年	12月	中小企業金融円滑化法（二度の延長を経て、13年3月に終了）
11年	5月	監督指針の改正⇒地域密着型金融をビジネスモデルとして確立
13年	9月	金融モニタリング基本方針⇒事業性評価にかかるモニタリングの開始
14年	9月	金融モニタリング基本方針
15年	9月	金融行政方針
16年	10月	金融行政方針
17年	11月	金融行政方針

資料　金融庁審議官西田直樹氏講演資料『地域金融機関に期待される役割』（2016年6月）より筆者作成

た。

　そして、金融審議会における検討結果として2003年3月27日に公表されたのが、「リレーションシップバンキングの機能強化に向けて」である。同報告では、中小・地域金融機関について、主要行と同様のオフバランス化手法を取ることは困難性があるとしたうえで、中小・地域金融機関の不良債権の特性を踏まえた処理の推進が必要とした。

　この金融審議会での検討を受け「リレーションシップバンキングの機能強化に関するアクションプログラム」（2003年3月28日）が作成された。このなかでは、03～04年度の2年間（「集中改善期間」）に、リレーションシップバンキング（以下「」内以外はリレバンとする）の機能強化を確実に図るため、まず「Ⅰ．中小企業金融の再生に向けた取組み」として、①創業・新事業支援機能等の強化、②取引先企業に対する経営相談・支援機能の強化、③早期事業再生に向けた積極的取組み、④新しい中小企業金融への取組み強化、⑤顧客への説明態勢の整備、相談・苦情処理機能の強化、⑥進捗状況の公表など6点に取り組むとした。

　さらに、「Ⅱ．各金融機関の健全性の確保、収益性の向上等に向けた取組み」では、①資産査定、信用リスク管理の厳格化、②収益管理態勢の整備と収益力の向上、③ガバナンスの強化、④地域貢献に関する情報開示等、⑤法令等遵守（コンプライアンス）、⑥地域の金融システムの安定性確保、⑦監督、検査体制など7点に取り組むとした。

　そして、「Ⅲ．アクションプログラムの推進体制」として、各金融機関はこれらの項目にそって2003年8月末までに「リレーションシップバンキングの機能強化計画」を提出し、半期ごとに実施状況を当局がフォローアップ、取りまとめて公表するとした。

　つまり、こうした公表による公的圧力と監督態勢の強化により、中小・地域金融機関の取組みを促して行くとしたのである。

　リレバンに係るプログラムは2004年12月の「金融改革プログラム」を契機に「地域密着型金融の機能強化の推進に関するアクションプログラム」として見直されたうえで2006年度まで継続されることになる。なお、ここで地域密着型金融とリレバンはほぼ同義である。

第2章　地域金融機関を巡る環境変化

　この二つのアクションプログラムにより、中小・地域金融機関においては、リレバンとそれを引き継ぐ地域密着型金融の取組みを本格化させていくことになる。

(2)　地域密着型金融の取組みの恒久化とコンサルティング機能強化（2007〜12）

　上記2006年度までの二つのアクションプログラムの取組みの結果を受け、2007年4月に金融審議会が公表したのが「地域密着型金融の取組みについての評価と今後の対応について」である。そこでは、これまでの取組みが一定の成果を上げたとする一方で、不十分な点、課題として、金融機関の取組みが「二極化傾向」にあること、「事業再生や不動産担保・個人保証に過度に依存しない融資等」は「利用者からは、なお不十分との評価」、また取組みの「収益向上に結びつく安定したビジネスモデル」としての定着は、なお途半ばにあることなどを指摘した。

　さらに、2年期限の計画、半期報告というプログラム形式が「経営の自由度を制約」、「短期的に成果が上がる取組みへの偏りを助長」とし、プログラム形式の限界も指摘している。そして、今後の地域密着型金融については「アクションプログラムという時限的な枠組みではなく、通常の監督行政の言わば恒久的な枠組みのなかで推進すべき」とし、実際に恒久的な枠組みとするため、2007年8月に監督指針の改正が行われた。

　その後、監督指針のなかでの地域密着型金融の推進にかかる部分は2011年5月に全面改正され、金融機関のコンサルタント機能の発揮、地域の面的再生への積極的な参画、地域や利用者に対する積極的な情報発信、などの項目が追加されたが、それ以降大きな変更はない。

(3)　金融モニタリング基本方針、金融行政方針での地域密着型金融関連項目（2013〜16年度）

　2011年の監督指針の全面改正後も、金融庁の金融モニタリング基本方針等に地域密着型金融と関連するとみられる項目が毎年盛り込まれている。たとえば、従来の検査基本方針に替えて2013年9月に公表された金

19

融モニタリング基本方針のなかには、「融資審査における事業性の重視」、「小口の資産査定に関する金融機関の判断の尊重」などの関連項目がみられている。

2014年以降は、担保・保証等に必要以上に依存しない融資等のための「事業性評価」という表現が多く見られるようになる。

2014年9月の金融モニタリング基本方針では「地域金融機関は、必要に応じ、外部機関や外部専門家を活用しつつ、さまざまなライフステージにある企業の事業の内容や成長可能性などを適切に評価(「事業性評価」)したうえで、それを踏まえた解決策を検討・提案し、必要な支援等を行っていく」とし、「担保・保証に必要以上に依存しない、事業性評価に基づく融資」を促進する取組みを確認するとしている。

2015事務年度金融行政方針(2015年9月)でも、具体的重点施策「企業の価値向上、経済の持続的成長と地方創生に貢献する金融業の実現」のなかに「事業性評価及びそれに基づく解決策の提案・実行支援」として盛り込まれている。同様に、2016事務年度金融行政方針(2016年10月)でも、具体的重点施策「金融仲介機能の質の向上」のなかで「日本型金融排除」が生じていないかの実態把握のため、「事業性評価の結果に基づく融資ができているか」等に着目し調査を行うとしている。

2. 地域密着型金融の進捗と地域金融機関を取り巻く環境の変化

(1) 地域密着型金融の進捗について

ここでは上記のような金融再生プログラム以降の金融庁の推進したリレバン及びそれを引き継ぐ地域密着型金融(以下、地域密着型金融にはリレバン、事業性評価による融資の取組みも含むものとする)が地域金融機関においてどのように取り組まれ、また、中小企業向け金融そのものがどう推移したのかについてみることとする。

まず、地域密着型金融の取組みは、中小・地域金融機関の不良債権処理において、主要行とは異なる取組みを進めるため導入されたという背

第2章 地域金融機関を巡る環境変化

景がある。

　図表2は、2000年以降の金融機関別の不良債権比率の推移をみたものである。全業態で不良債権比率は低下しているが、2002年度から2005年度にかけては金融再生プログラムが指す主要行に含まれる都市銀行の不良債権比率の低下幅が大きい。一方で、主要行とは別の取扱が必要であるとされた中小・地域金融機関の不良債権比率の低下は緩やかである。このことは、単なるオフバラではない、長期的な取引に基づく、取引企業の再生・健全化を目指す地域密着型金融の取組みがこの間進められた

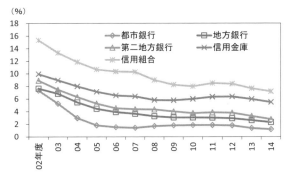

図表2　業態別にみた不良債権比率の推移

資料　中小企業庁「2016年版中小企業白書」
(原資料注)「不良債権比率」は、金融再生法開示債権を総与信で除した比率を表す。金融機関の健全性を示す指標として用いられる。

図表3　地域金融機関による地域密着型金融の進捗状況（一部）

具体的取組	2003年度	2004	2005	2006	2007	2008	2009	09年/03年(倍)
創業・新事業支援融資(億円)	179	250	603	742	1,791	1,662	1,703	4.1 (06年/03年(注))
ビジネスマッチングの成約件数(千件)	6.2	10.4	16.0	24.0	27.4	29.5	33.0	5.3
中小企業再生支援協議会と連携して支援し、再生計画策定に至った先(億円)	2,305	3,422	3,572	2,803	2,092	2,230	3,817	1.7
動産・債権譲渡担保融資(億円)	1,102	1,737	1,998	2,029	1,856	1,886	1,800	1.6
PFIへの取組み(億円)	187	409	326	625	562	701	638	3.4

資料　金融庁「平成21年度における地域密着型金融の取組状況」について（2010.7.23）より筆者作成
注　07年度以降は通常融資による支援実績を含み単純比較できないため。

ことも影響しているとみられる。

実際に、地域密着型金融に関連する計数からもそのことが窺える。

図表3は、金融庁資料から地域密着型金融の取組みを整理した表である。同表にみられるように、創業・新事業支援、事業再生、動産担保融資など、2003年度以降大きく増加している取組みが多い。

さらに、2012年度以降の推進状況については、優良事例の検証やアンケートによる全国的なとりまとめが行われている。

たとえば、2015年4～6月に行われた利用者調査では、2014年度の地域金融機関の「地域密着型金融の取組み姿勢（全体評価）」を「積極的」「やや積極的」とする回答が6割近く、地域金融機関においてその取組みが着実に浸透していたことが示唆される。

(2) 地域金融機関を取り巻く環境変化

このように、地域密着型金融の取組みが地域金融機関で定着する一方で、中小企業向け融資全体の動きはどうだったのであろうか。

図表4は、国内銀行における2001年3月期以降の中小企業向け総貸出額の推移を四半期別に指数でみたものである。同図にみられるように、

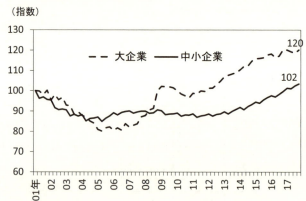

図表4　国内銀行の中小企業向けと大企業向け総貸出の四半期推移
　　　（指数、2001年3月＝100）

資料　日本銀行「貸出先別貸出金」より作成。
注　貸出には信託勘定、海外店勘定含む。

2001年3月期を100とすると、中小企業向け総貸出額は2000年代半ばにかけて減少が続いたが、2006、7年は持ち直した。その後、リーマンショック、東日本大震災発災もあり、2000年代後半から停滞が続いたものの2010年代後半からは徐々に増加に転じている。

前述のように地域金融機関は、金融再生プログラム後、地域経済等に配慮し早急な不良債権処理を避けており、また、同図にみられるように中小企業向けの融資残高そのものも残高は一定水準を維持し、地域の金融システムに大きな混乱はなかったことは評価すべきと考えられる。

一方、地域密着型金融を収益向上に向け新たなビジネスモデルとする取組みは、国内での長期の景気低迷と、デフレ化での超低金利が継続するなかでは非常にむずかしかったとみられる。

たとえば、図表4の中小企業向けと大企業向け総貸出の推移をみると、2000年代後半から大企業の総貸出の水準が中小企業向けのそれを継続して上回っている。これは国内外に事業基盤を持つ大企業と、日本国内を主な事業基盤とする中小企業の資金ニーズの差を示しているとみられる。

また、図表5は、業態別の貸出約定金利の推移をみたものである。同図にみられるように、各業態ともに、金融再生プログラムが公表された

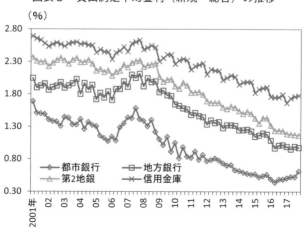

図表5　貸出約定平均金利（新規・総合）の推移

資料　日本銀行「貸出約定平均金利」により筆者作成。

2002年当時に比べ、貸出金利は現在大きく低下している。とくに、リーマンショック以降の低下が著しく、2017年度の貸出約定金利は、2002年当時に比べ3～5割も低い水準である。

　求められている地域密着型金融の機能を果たすうえで、顧客とのリレーションを強化することが当然であるが、その負担を補うだけの収益確保は、このような貸出金利の低下局面で、しかも国内を主な営業基盤とするという制約のなか、地域金融機関が進めることは容易でなかったとみられる。そして、この状況をさらに厳しいものにしたのが、2013年4月の日銀の「量的・質的金融緩和」、2016年2月以降のマイナス金利の導入である。

3．日銀量的緩和マイナス金利導入後の動向

(1) 運用環境悪化による厳しい資金収支

　先にみたように、地域金融機関は中小企業をはじめとする国内の資金需要の停滞に直面していたため、資金運用先として債券投資のウエイトを高めてきたが、13年4月の日銀の「量的・質的金融緩和」の導入にともなう長期国債の買入れ量と対象範囲の拡大、それによる長期金利の低下もあり、金融機関の国債・財投債残高は減少が続いている。

　たとえば、13年3月と17年12月期の国内預金取扱機関の国債・財投債残高を比べると、減少額は国内銀行で65兆円、中小企業金融機関等（ゆうちょ銀行含む）で81兆円に上る。

　この「量的・質的金融緩和」による超低金利の継続に、さらにマイナス金利導入も加わり、金融機関の運用難は長期化し、日銀の当座預金も大幅に積み上がっている。

　図表6は都銀や外銀等を除いた日銀の当座預金の推移をみたものである。その額は、18年2月末で113兆円と、マイナス金利導入当初の16年2月に比べ30兆円も増加している。とくに、ゼロ金利もしくはマイナス金利が適用される残高が合計で16.4兆円から47.6兆円へとほぼ3倍に増えている。

第2章 地域金融機関を巡る環境変化

このように超低金利が長期化するなかで、金融庁の金融レポート（17年10月、9頁）では、「金利の低下が、我が国の預金取扱金融機関の資金利益を押し下げている。現在の金利環境が続くと、今後においても、金融機関が保有する比較的高い金利の融資や債券が次第に低金利の融資・債券に置き換わり、資金利益の低下圧力が継続することが予想される。こうした環境の中でいかに持続可能なビジネスモデルを構築していくかが課題」としている。

実際に、金融機関の経営環境は、マイナス金利導入後に、国内を営業基盤とする金融機関を中心に厳しさを増している。

図表7は、都市銀行、地銀、第二地銀、信用金庫の16年度決算をみたものである。同表にみられるように、資金利益はいずれも前年比マイナスだが、とくに、都市銀行以外で△3％を超えるマイナスとなっている。ここで、4業態の収益の構成比をみると、周知のとおり都市銀行以外は国内の資金利益のウエイトが8割～9割と非常に高く、役務取引等収益や国際業務粗利益のウエイトが都銀に比べ小さいことが指摘できる。

(2) 金融当局は金融機関の構造問題を指摘するが

こうした国内を営業基盤とする金融機関の収益性の低さに対して、金融当局は、足元で日本の金融機関の抱える構造的な問題を強く指摘する

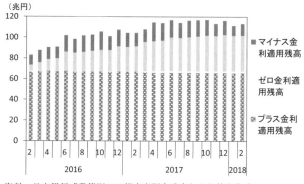

図表6　マイナス金利導入後の日銀当座預金の推移
（除く都銀・外銀・信託銀行・準備預金制度非適用先・証券）

資料　日本銀行「業態別の日銀当座預金残高」より筆者作成

ようになった。

たとえば、日銀の「金融システムレポート」（17年10月）では、日本の金融機関の収益性に低さについて、「低金利環境の長期化による資金利益の減少に加え、非資金利益の低さも影響」（概要版、19頁）とし、非資金利益の国際的にみた低さを指摘するとともに、「相応にコストのかかる金融サービスを無料で提供している例が少なくない」、「為替、投信・保険販売業務で役務収益の過半」、さらに、海外と比較した「手数料設定スタンスの違い」についても、問題があるとする。そして、非資金利益の低さの背景について、狭い国土のなかで多くの金融店舗が密集し、激しい預金獲得競争を繰り広げた結果、「預金関連手数料を課すことを前提としないビジネスモデルが金融機関に定着していった」ことにあるとする。

こうした分析をもとに、同レポートでは、金融機関が経営方針を策定するうえで、「①収益源の多様化を図る、②よりきめ細かい採算管理を実施し、他金融機関との競争も踏まえた効率的な店舗配置や提供するサービスの見直しを行う、③業務改革を進め、設備と従業員の適正配置に

図表7　業態別の損益状況（2016年度）

（単位　億円、%）

			都市銀行		地方銀行		第二地銀		信用金庫	
			金額	増減率	金額	増減率	金額	増減率	金額	増減率
業務粗利益			52,672	△ 4.9	33,251	△ 7.1	9,256	△ 4.4	17,222	△ 3.8
	国内業務粗利益		34,497	1.2	32,087	△ 3.8	8,983	△ 3.5	17,222	△ 3.8
		国内資金利益	23,441	△ 2.4	27,289	△ 3.6	7,991	△ 3.1	15,680	△ 3.5
		国内役務取引等利益	8,413	△ 2.9	4,004	△ 8.4	727	△ 11.2	659	△ 9.2
		国内特定取引利益	540	－	42	△ 21.6	－	－	－	－
		国内その他業務利益	2,103	8.6	753	20.9	265	8.7	881	△ 5.4
	国際業務粗利益		18,175	△ 14.5	1,164	△ 51.9	273	△ 25.5		
経費			31,144	1.9	23,058	△ 0.2	7,087	△ 0.1	13,445	△ 0.6
一般貸倒引当金繰入金			828	－	△ 155		7		△ 40	
業務純益			20,700	△ 22.8	10,348	△ 18.5	2,161	△ 19.3	3,817	△ 13.0
臨時損益			794	－	971	△ 18.6	190	△ 8.7	△ 37	△ 191.0
経常利益			21,494	△ 14.8	11,317	△ 18.5	2,350	△ 18.5	3,778	△ 14.7
当期純利益			16,418	△ 10.1	7,954	△ 15.4	1,701	△ 11.6	2,783	△ 16.5
国内資金利益/業務粗利益			45	－	82	－	86	－	91	－
国内役務取引等利益/業務粗利益			16	－	12	－	8	－	4	－
国際業務粗利益/業務粗利益			35	－	4	－	3	－		

資料　信金中金地域・中小企業研究所「全国信用金庫概況・統計（2016年度）」
全国銀行協会「平成28年度の決算の状況（単体ベース）」より筆者作成。

よって、労働生産性を向上させていくことが重要である。また、④金融機関の合併・統合や連携も、収益性改善の選択肢の一つ」（本文70頁）としている。

さらに、金融庁の金融行政方針（17年11月）でも、地域金融機関について「厳しい経営環境のもと、多くの地域金融機関にとって、単純な金利競争による貸出規模の拡大により収益を確保することは現実的ではなく、持続可能なビジネスモデルの構築に向けた組織的・継続的な取組みが必要」としている。さらに、「直近の2017年3月決算では、顧客向けサービス業務（貸出・手数料ビジネス）から得られる利益は、過半数の地域銀行でマイナス」で、低金利環境が継続すると、今後さらに増加するとの懸念も示している。

一方で、この「持続可能なビジネスモデル」について金融庁は、「ビジネスモデルに単一のベスト・プラクティスがあるわけではないが、地域企業の価値向上や、円滑な新陳代謝を含む企業間の適切な競争環境の構築等に向け、地域金融機関が付加価値の高いサービスを提供することにより、安定した顧客基盤と収益を確保するという取組み（『共通価値の創造』）は、より一層重要性を増している」とし、地域密着型金融に沿って、地域企業の金融ニーズの把握と適切なサービス向上が必要であると指摘している。

このように金融当局は、低金利の長期化がもたらしている日本の金融機関の収益性の低さについて、構造的な問題を指摘し、その解消に取り組むことが重要であるとしている。そこには、「持続可能なビジネスモデル」が明確に見いだせない環境下で、マイナス金利の負の側面がもたらす影響への金融当局の危機感をよみとることができる。

おわりに

本稿でみたように、2002年に公表された金融再生プログラム以降、金融行政においては、中小・地域金融機関は主要行とは別の特性を持つとして、地域密着型金融といわれる長期・継続的かつ密接な金融機関と顧

客関係に依存した貸出等の金融サービス充実を求めた。そして、地域金融機関の取組みは一定程度それらの期待に応えたものとなったとみられる。

　しかしながら、足元のマイナス金利等現下の地域金融機関を取り巻く環境は、地域密着型金融への取組みを含む運用面で、これ以上ない厳しい環境となっている。また、超低金利が長期化するなか金融当局も、運用による収益伸長よりも、費用の縮減を重視し地域金融機関に構造改革を迫る姿勢を強めている。もちろん、地域金融機関は自らがそれらの取組みを真摯に進める必要はあることは間違いないが、現下の外部環境は地域密着型金融等への取組み努力を棄損しかねない状況である。金融システムの安定性も踏まえ、マイナス金利を含む金融政策のあり方全体を見直す必要性が高まっていると感じられる。　　　　　　（2018年6月号掲載）

※1　長期継続する関係の中から、借り手企業の経営者の資質や事業の将来性等についての情報を得て、融資を実行するビジネスモデル。借り手企業からの定量化が困難な情報を蓄積することが可能となり、「情報の非対称性」が軽減され継続的なモニタリング等のコスト（エージェンシーコスト）の低減が可能になるとされる（金融庁ホームページから）。

第3章
マイナス金利政策下における地域金融機関の経営戦略
―生き残りをかけた広域化戦略と深掘り戦略―

古江 晋也
（ふるえ　しんや）

はじめに

　最近、地域金融機関の経営のあり方に注目が集まっている。その要因の一つは、日銀の金融緩和政策の長期化（2016年2月にはマイナス金利政策を導入）や、金融機関間の金利競争を受けて、地域金融機関の貸出金利回りの低下に歯止めがかからず、利益水準が低下しているためである。また、大都市圏への人口集中（地方の人口減少）、後継者不足などによる中小企業の廃業率の高まりといった要因も地域金融機関経営を厳しい状況に追い込んでいる。

　こうしたなか、近年の地域金融機関では、大別して、次の二つの戦略によって生き残りを図っている。

　第1の戦略は、合併や経営統合を実施したり、大都市圏や県庁所在地など、今後も人口増加や経済成長が見込める地域に経営資源を積極的に投下することで、営業地域の拡張を図る動きである。この戦略は営業地域を広域化することで、顧客基盤を強化するとともに、経営の効率化が期待できる。また経営規模が拡大するため、多様な金融サービスを提供できるというメリットもある。

　しかし、地域金融機関のなかには、営業地域の拡張よりも、これまで

以上に限られた営業地域に密着することで生き残りを図る金融機関もある。この第2の戦略は、限られた営業地域のあらゆる顧客と取引を行うことをめざしており、大規模な金融機関が「非効率」とみなすことでも積極的に取り組む営業を展開している。

本稿は、前者を「広域化戦略」、後者を「深掘り戦略」と捉え、広域化戦略については地方銀行、第二地方銀行の取組みを、深掘り戦略については相対的に小規模な信用金庫、信用組合の取組みを中心に整理した後、地域金融機関における今後の経営のあり方を検討する[※1]。

1．地域金融機関の広域化戦略

(1) 地域金融機関の貸出金利回りと業務純益の推移

最近の地域金融機関（地銀、第二地銀、信金、信組）の貸出金利回りは、金融緩和政策の長期化と金融機関間の金利競争によって右肩下がりで推移している（図表1）。そしてこのことが、本業で獲得した利益を示す業務純益の直接的な減少要因となっている（図表2）。

地域金融機関の多くは上述のような状況を打開するため、営業地域を拡張することに力点を置いてきた。周知のとおり、営業地域の拡張は、①顧客基盤を広げることで収益の増加が見込める、②地域経済の構造変化にともなうリスクを分散することができる（たとえば、生産拠点の海

図表1　地域金融機関の貸出金利回りの推移　　図表2　地域金融機関の業務純益の推移

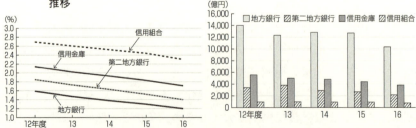

資料　全国地方銀行協会ウェブサイト「地方銀行決算の概要」、第二地方銀行協会ウェブサイト「第二地銀協地銀の決算の概要について」、全国信用金庫協会『全国信用金庫財務諸表分析』、全国信用組合中央協会『全国信用組合決算状況』の各年度をもとに作成

外移転など「産業の空洞化」にともなうリスク回避)というメリットがある。また、合併や経営統合を選択した場合は、③重複店舗の統廃合による経費の削減も期待できるほか、④資本力が強化されるとサービスの多様化も期待できる。

(2) 融資と有価証券運用への傾斜

図表3は、地方銀行、第二地方銀行の取組みをもとに広域化戦略の概略図を示したものである。

まず、融資分野については、貸出金利回りの低下にともなう貸出金利息の減少をカバーするため、①貸出金残高（ボリューム）の拡大を図ることと、②利ざやの高い分野やニーズが高い分野への融資を強化している。営業地域の拡張は、ボリュームの拡大を図るうえで欠かせないが、主たる営業地域（地元）以外で残高を伸ばすということは、他金融機関

図表3　地方銀行、第二地方銀行にみる広域化戦略の概略図

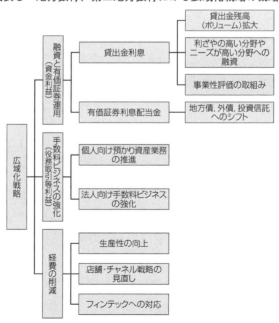

資料　筆者作成

よりも低い水準の金利を提示することで案件を獲得する（いわゆる「借換融資」）ことがメインとなる。そして、このことがさらなる金利競争を加速させるため、貸出金利回りの低下に歯止めがかからない一因となる。

「利ざやの高い分野やニーズが高い分野への融資」については、たとえば、カードローンやアパートローンの推進があげられる。カードローンは、貸金業法が10年6月に完全施行されたことを受け、消費者金融会社のローンの「代替」として注目されたが、近年、急速に残高が伸張したことから、多重債務問題の懸念が高まった。そこで17年には、広告宣伝を自粛したり、収入証明書の提出を求める基準金額を引き下げるなどの措置を講じる銀行が増加。18年1月からは警察庁のデータベース情報で各種ローンの新規利用者が反社会的勢力に該当するかどうかを確認することが求められるようになった[※2]。このことは即日融資がむずかしくなることを意味しており、カードローン市場は、大きな転換点を迎えることになった。

アパートローンは、15年1月から改正相続税法が施行されたことを受け、土地所有者を中心に相続・節税対策のニーズが高まったことから推進が本格化した。なかには「不動産業は地場産業」であることを強調し、積極的に推進している大都市圏の地域金融機関もある（ただし、競合が激しい地域では低金利競争に直面する）。しかし、昨今では賃貸住宅が相次いで建設されている現状を踏まえ、将来的に不良債権化するのではとの懸念が高まったため、金融庁や日銀はカードローンと同様に、その動向を監視する姿勢を強めている。

貸出金利息が減少（もしくは低迷）するなか、有価証券運用を多様化（国債から地方債、外国債券、投資信託へシフト）することで資金利益の増加をめざす動きもある。ただし「貸出金利息の減少を外国債券でカバーする」という経営行動も、金融庁が19年3月期から銀行勘定の金利リスクに関する規制を国内基準行にも導入する方針としているため、将来的に外債で利益を確保することはむずかしくなると考えられる。

(3) 「持続可能なビジネスモデル」への転換

　低金利競争による借換融資、カードローンやアパートローンを含む不動産業などの特定分野への融資拡大、有価証券運用による収益の増加という動きが地域金融機関で活発化していたが、金融庁はこのような経営のあり方に厳しい目を向けている。

　たとえば、金融庁が17年10月に公表した「平成28事務年度　金融レポート」では、地域銀行の17年3月期決算は、顧客向けサービス業務の利益（貸出残高×預貸金利回り差＋役務取引等利益−営業経費）が過半数の地域銀行でマイナスとなっており、収益性に問題があることを指摘する（16頁）。

　そして顧客向けサービス業務が減少するなか、当期純利益を確保するため、①有価証券運用による収益依存が高まっていること、②アパート・マンション向けや不動産業向けなど特定の貸出分野への量的な拡大が見られることに加え、③債務者区分が下位の企業への貸出金を回収したことによる短期的収益の確保が見られたとし、早期に持続可能なビジネスモデルを構築することを求めている（17〜20頁）。

　このような問題提起もあり、近年では、効率化を追求したこれまでの営業から、取引先との対話を重視する営業へと舵を切り、事業性評価の取組みに注力することを唱える銀行が増加している。ただ、同取組みを展開するためには、経営者の人柄、能力の見極めはもちろんのこと、取引先企業の技術や業種の動向などの専門知識も欠かせない。そこで、行員の取引先企業への派遣、グループ内におけるコンサルティング会社の設立、行内における調査部門の設置などの動きも見られるようになっている。

(4) 手数料ビジネスの強化

　資金利益が減少傾向にあるなか、役務取引等利益の増加を図るため、手数料ビジネスへの関心が高まっている。ここでは、個人向け預かり資産業務と法人向け手数料ビジネスに分けて、最近の動きをまとめることにする。

個人向け預かり資産業務（投資信託や保険販売）には、営業店での窓口販売、インターネットバンキングやテレフォンバンキングなど、ダイレクトチャネルを活用した通信販売があるが、最近では証券子会社を設立する銀行が増加している。なかには、証券子会社とともに、共同店舗の出店、セミナーの共同開催や人材交流を強化するなど、従来の店頭窓販よりも一歩踏み込んだ取組みを実施する銀行もある。また保険分野では、「ほけんの窓口」と業務提携することで、顧客の人生設計を念頭に置きながら商品提案を実施するスタイルを追及する銀行もある[3]。

　ただし、個人向け預かり資産業務については「受取手数料の高い金融商品を積極的に販売している」「短期的に売買を繰り返すように顧客を誘導することで手数料収入を稼いでいる」（いわゆる「回転売買」）との批判も高まった。そこで多くの金融機関は、金融庁が公表した「顧客本位の業務運営に関する原則」（17年3月）に則った「フィデューシャリー・デューティー（顧客本位の業務運営）宣言」を表明するとともに、販売体制の見直しに取り組むようになった。

　一方、日銀が公表した「金融システムレポート」（17年10月）では、日本の金融機関の手数料収入は、為替業務と投信・保険販売業務の二つが過半を占めているが、投信・保険販売業務は市況の影響を受けやすいため、安定的な収益源となっていないことを指摘する（59頁）。そして欧米金融機関に比べ、貸出取引に付随する非金利サービスの提供が限定的であるため、金利面での競争に走りがちになる（70頁）との見解を示した。

　そうした状況のなか、これまで取引先企業に対するコンサルティングなどの経営支援業務は「無料である」という認識があったが、最近では、法人向け手数料ビジネスを「新たな収益源」と位置付ける銀行が増加している。とくに昨今では、中小企業の廃業率が高止まりしている現状を踏まえ、事業承継、M&Aに関するニーズも高まっている。そこで、M&Aを専門に扱う機関に行員を出向させたり、取引先企業に行員を一定期間出向させることで、コンサルティング能力の向上をめざす取組みも進行している。加えて、大都市圏間の取引先企業をビジネスマッチン

第3章　マイナス金利政策下における地域金融機関の経営戦略

グなどでつなぐことを検討するなど、広域化戦略ならではのサービスを
計画する銀行もある。

⑸　生産性の向上などによる経費の削減

　業務純益などの利益水準が伸び悩むなか、利益を確保するためには経
費を削減することが欠かせない。前述したように貸出金利回りの低下を
貸出金残高の拡大でカバーしたり、手数料ビジネスを強化するためには、
営業（渉外）担当者や預かり資産業務の担当者の増強も必要となる。

　そこで経費の削減と収益の拡大を見込んだ取組みとして注目されるの
が、事務部門の改革による生産性の向上である。

　具体的には、営業店舗では、セルフ端末、電子記帳台、タブレットな
どを導入することで、印鑑レス、ペーパーレスを実現するとともに、オ
ペレーションの省力化を計画している。このような取組みは、いわばバ
ックオフィス業務の削減であり、これまで事務を担当していた行員を、
営業や預かり資産業務に再配置することでマイナス金利政策下でも「稼
げる組織」へと変革することをめざしている。

　さらに昨今では、「フィンテック」にも注目が集まっており、たとえば、
ある銀行では、複数のセンターで実施しているデータ入力作業を、人工
知能を活用することで、一つのセンターで実施することとし、行員やパー
ト社員を削減することを計画している。またスマートフォン向け機能
をさらに充実させる一方、店舗チャネルの再編を計画している銀行もあ
るなど、生産性の向上は、キャッシュポイントのあり方にまで影響を及
ぼすようになっている。

　以上、広域化戦略の取組みをまとめてみた。合併や経営統合を進める
ことで営業地域を拡大し、利ざやの縮小を融資残高の拡大でカバーする
とともに、有価証券運用を多様化したり、預かり資産業務を強化する取
組みは、たとえば、日銀が指摘するように市況に大きな影響を受けるな
どの経営課題を含んでいるものの、今後も厳しい経営環境に立ち向かう
戦略として継続されることが考えられる[4]。

　しかし、大規模化、広域化をめざす金融機関は、地域特性に応じた対

35

応がむずかしくなり、事業性評価の取組みを実施するうえでのボトルネックになる可能性もある。

２．地域金融機関の深掘り戦略

　日銀は、金融機関の収益性を改善する取組みの一つとして、金融機関間の合併・統合や連携を提案しているが（日本銀行「金融システムレポート」17年10月）、この取組みと対極にあるのが深掘り戦略である。ここでいう深掘り戦略とは、限られた営業地域に密着することで存在感を高めることに主眼を置いた戦略であり、地域のあらゆる顧客と取引を深めることをめざしている。

(1)　融資業務に力を入れる深掘り戦略
　前述したとおり、広域化戦略を採用する金融機関は、広範囲な営業地域の人々にさまざまな金融サービスを提供することで収益源の多様化を図っている。しかし、深掘り戦略を採用する金融機関は、融資業務に力点を置いているのが特徴だ。これは、①経営規模が中小規模であり、営業地域も限定されていること、②限られた経営資源を有効に活用するため、「選択と集中」に徹していること、③「融資を行うことが地域金融機関の使命である」と考えている、からである。そのため、預かり資産業務に対するスタンスは「融資業務に力点を置いているため、預かり資産業務を行わない」という金融機関や、「品揃えの一環」という消極的なスタンスの金融機関も少なくない。地域によっては、人口減少が進行しているため、預貸率が低下している金融機関もある。しかし、そのような状況でも「融資業務に力を入れたい」という思いは強く、渉外担当者が高い頻度で、担当区域を訪問していることは注目される。

(2)　徹底した取引先への訪問活動
ａ．定期積金の集金業務
　図表４は、信用金庫、信用組合をもとにした深掘り戦略の概念図であ

第3章　マイナス金利政策下における地域金融機関の経営戦略

る。まず、「徹底した取引先への訪問活動」における定期積金の集金業務については、従来から地域金融機関の渉外推進ツールとして実施されてきたものであるが、90年代後半以降、同業務は「非効率である」との認識のもと、自動振替が奨励されたり、集金業務を有料化するなど、事実上、取りやめる金融機関が増加した。しかし、深掘り戦略を採用している金融機関は「複合取引の機会を得る」「地域の情報を得る」という狙いから時代の流れに関係なく、集金業務を重視している。ただし、その活動内容については、①金額に関わりなく、要望があれば全て訪問する、②一定期間内で複合取引が見込めないと、当該取引先との積金契約を見直す、③複合取引は広がりにくいと考えられる取引先については集金を行わない、など、各金融機関とも独自のルールを定めている。

「共働き世帯の増加などからかつてのような効果が集金業務になくな

図表4　信用金庫、信用組合にみる深掘り戦略の概念図

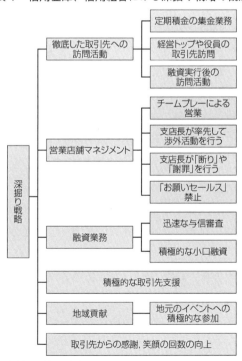

資料　図表3に同じ

った」という意見もあるが、その場合は「職域セールス制度」（または「職域サポート制度」）を導入することで取引先との「フェイス・トゥ・フェイス」に力を入れている[5]。

ｂ．経営トップや役員の取引先訪問

徹底した取引先への訪問には、渉外担当者による訪問ばかりではなく、経営トップや役員の訪問も欠かせない。深掘り戦略を掲げる地域金融機関の理事長や役員は、取引先のもとを足繁く訪問しており、このことが取引先事業者に「金融機関から大切にされている」という特別な思いを強め、現場の営業推進がスムーズに展開することにつなげている。

なかには、役員と渉外担当者の同行訪問を行っている金融機関もある。役員との同行訪問によって、営業担当者は、新規開拓が容易になったり、既存顧客との絆を高めることにもなる。また、役員も営業担当者と同行することで、職員の頑張りや業務に対する取組み姿勢にふれることができるなど、組織内コミュニケーションの向上にも役立つという。

ｃ．融資実行後の訪問活動

金融機関の渉外担当者には、案件を獲得するまでは頻繁に取引先のもとを訪問するが、案件を獲得すると、途端に足を向けなくなる例も見られる。このことは「融資案件のない取引先のもとを訪れても意味がない」という判断に他ならないが、当該活動を繰り返していては、取引先と信頼関係を構築していくことはむずかしい。そのため、深掘り戦略を掲げる金融機関では、融資後も取引先のもとを訪問することを奨励している。そしてこのことが複合取引につながるきっかけとなっている。

昨今では、地域活性化などの観点から創業・起業支援の取組みに注目が集まっているが、創業・起業を果たした後は、「足が遠のく」という金融機関もある。しかし、そのような姿勢では、「生存率」が高まらず、地域活性化に貢献しないことは明らかである。融資後もこまめに訪問活動を続け、精神面からも創業・起業者をサポートすることが、顧客ロイヤリティを高めるとともに、地域の活性化にもつながるのである。

(3) 営業店舗マネジメント

　一方、営業店に目を向けてみると、業績の伸びの高い営業店には共通した特徴がある。それは、①チームプレーを重視する、②支店長が率先して渉外活動を行う、③営業担当者が獲得した案件で、何らかの理由で融資ができない場合の「断り」や「謝罪」は支店長が行う、などである。

　①については、現場では、営業店に課せられた目標を達成するために、たとえば、職員一人ひとりにいくつもの項目を割り振るマネジメント・スタイルがある。しかし、このような個人の力量に依存するスタイルは、実は職員の心理的な負担を高めることにもなりかねない。それに対して、支店長が渉外担当者の得手不得手を把握し、職員全員で目標の達成をめざすスタイルは、職員の心理的な負担が軽減されるとともに、職場内に職員同士の「助け合い」も生まれるようになる。そしてこの助け合いが、業績の伸びにも貢献すると考えられる。

　②については、支店長が渉外活動に率先して取り組むことで、若手の担当者の「やる気」を高めることを意味する。筆者がヒアリング取材を行ったある支店長は、自らが取引先を訪問して案件を見つけると、すぐに担当者に同案件を引き継ぐことにしている。その理由は、担当者の実績を上げることに貢献できることと、何よりも「融資の楽しさを感じてほしい」からであるという。このケースは「仕事が楽しい」と部下に感じさせることが管理職の役割であり、そのことが支店全体の業績の伸びにつながることを示している。

　③については、仮に、案件を獲得した渉外担当者自らが、取引先に融資ができない旨を伝え、謝罪を行わなければならないのであれば、当該担当者のモチベーション（やる気）は低下し、今後、積極的に営業推進をしようとは思わなくなるだろう。支店長が業務のフォローをするからこそ、渉外担当者は安心して業務にまい進できるのである。

　これらの特徴に加え、最近では「お願いセールス」を行わない方針を掲げる金融機関も増加している。その理由は、「お願いセールス」は金融機関本位の立場であり、「金融機関職員が来ると何かを求められる」というイメージが高まると、取引先と面談できない原因につながるから

である。そして、そのような認識が強まると、地域の深掘りを実施することは困難となる。

(4) 深掘り戦略における融資業務

a. 迅速な与信審査

深掘り戦略を実施するうえで、迅速な与信審査は強力な武器となる。迅速な与信審査は、営業店に決裁権限があるかどうか、によって大きく異なるが、本部決裁が必要な案件の場合、営業店が稟議を上げてから本部が決裁をするまでの期間を３日以内に行うことにしている金融機関もある。

この迅速な審査が可能となっている背景には、①本部と営業店のコミュニケーションが密にできている、②役員が地域や取引先の実情をくまなく把握している、ことがあげられる。とくに②は、事業性評価の取組みともリンクしており、渉外活動を徹底的に行うことが多くの業務を支えていることがよくわかる。

b. 積極的な小口融資

金融機関は一般的に、小口融資は手間がかかるため取扱いを避けたいという思いが強い。しかし、地域の深掘りを重視する金融機関は小口融資も積極的に行っており、「小口融資は手間がかかる」と考えている職員には、「小口融資はリスク分散ができる」「他金融機関に借換えられても、小口融資であれば貸出金残高の減少額幅は少ない」と指導している。

このように小口融資を重視している理由は、「小口融資を必要としている小規模事業者を支援することが地元金融機関の存在意義である」という理念に加え、「どんなことでも相談できる」というスタンスを体現するためである。

また、かつての「サラ金問題」や個人の自己破産件数が激増した時期を記憶している役職員にとっては「地域社会には小口融資が不可欠」という思いもある。加えて、小口融資を獲得しても評価されない職場であれば、せっかく案件を獲得してきた職員のやる気がなくなることは明らかである。このように小口融資を積極的に行うことは、「どんなことで

も相談に乗ってくれる」という金融機関のイメージアップ、地域社会の
健全化と職員のやる気の向上という、さまざまな効果がある。

(5) 積極的な取引先支援

地域の深掘りを重視する金融機関は、取引先支援にも力点を置いている。ここでいう取引先支援とは、再生支援業務、創業・起業支援、商談会などのビジネスマッチングなどの取組みである。

これらの取組みが注目されるようになった背景には、金融庁が地域密着型金融の取組みを要請したことに加え、取引先支援に力を入れなければ、「金融機関自らの存続はない」という切実な思いや、「金融機関を育ててくれた地域が衰退するのを見過ごすわけにはいかない」という使命感がある。ただし、再生支援や創業・起業支援を展開するには、将来性を見極める「目利き力」が不可欠である。

この目利き力については、中小企業診断士などの資格保有者数や、さまざまな機関との提携を強調する金融機関もある。専門的な知識がある職員を増やしたり、各種機関と提携をすることは、職員の能力を高めるという観点からは重要であるが、組織レベルで目利き力を生かすためには、渉外活動、各業績評価、営業店マネジメント、融資体制などの各部署の連携が欠かせない。また、近年では、金融機関によるビジネスマッチングが活発化しているが、取引先が販売している商品を説明することができない行員や職員が少なくないことも事実である。

職員が専門的な知識を高めることは重要である。しかし、その目利き力を地域活性化に役立てるためには、従来のような担保の有無や定量分析に依存するのではなく、徹底的に取引先のもとを訪問することで、取引先の商品やサービスの特長、取引先企業の経営者の人柄や将来の思いを理解するとともに、その定性分析が十二分に発揮できる組織体制の構築を図ることが何よりも重要である[6]。

(6) 積極的な地域貢献

都市部の金融機関は近年、地域のイベントに参加することが相対的に

減少しているといわれている一方、深掘りを重視する金融機関は活発に参加している。地域のイベント参加を奨励している理由は、「地域の誰にも好かれる職員になってほしい」「職員は地域の人々から声をいつもかけてもらえるスターになってほしい」という言葉に表されるように、地域の人々とともに汗を流すことで地域の一員と認められ、何かがあると真っ先に声をかけてくれる存在になることが欠かせないからである。

　また、地域のイベント以外にも、たとえば、「消防団協力事業所」となって地元の消防団活動に貢献するなど、地域の暮らしを支えている金融機関は数多い。そしてこのことが「地元に不可欠な金融機関」という認識を高めていくのである。ある役員は、「地域貢献活動を実施してきたから預金や融資で声をかけてくれる」と話すように、「地域貢献活動は、間接的に本業にも貢献している」という意見は多く、地域の活動に参加することが、フェイス・トゥ・フェイスによる渉外活動の延長となっていることは注目される。

(7)　取引先からの感謝、笑顔の回数の向上

　これまで金融機関は、取引先企業の財務諸表にもとづく定量分析による「格付」と「担保主義」によって融資業務を行ってきた。そのため、取引先企業の業績が悪化すると金融機関は融資をすることができなくなり、「雨の日に傘を貸さない」と揶揄されてきた。しかし、深掘り戦略を採用する金融機関の多くは、「最後の砦となる」「雨が降ったら傘を差し出す」というスタンスで、やる気のある経営者には積極的な支援を継続してきた。このことが取引先からの感謝につながっているという。

　「雨が降ったら傘を差し出す」という取組みは、個人リテールにも当てはまる。たとえば、近年では奨学金など多額の債務を抱えたまま、社会人となる例もある。そのため、ある職域金融機関では、「債務の不安を解決して、業務に集中してほしい」という思いから、低利の奨学金ローン（借換え）を商品化することで、安心して社会人生活を送れるように配慮している。

　また、職場の中には、持病などによって団体信用生命保険に加入でき

ず、一般的な住宅ローンを受けることができない者もいる。そのため、ある職域金融機関では、仕事が継続できるのであれば、住宅ローンを実行することにしているという。

このようなスタンスは、まさに「喜ばれる融資」に他ならない。

取引先の感謝の笑顔の回数を増やす取組みは、渉外活動でも高めることができる。たとえば、ある熟練した渉外担当者は、渉外活動の際に学んできた内容を会話の中に織り込むことにしている。

経営課題を抱えた事業者は、その話を聞き、「もっと話が聞きたい」と喜び、結果的に取引が強化されることになったという。加えて、補助金申請支援などは、補助金が採択された場合はもちろんのこと、補助金申請が採択されなかった場合であっても真摯に取り組んでくれた金融機関や職員に感謝の念を示す事業者は少なくなく、取引が続いていくこともある。このようなケースは、創業・起業支援や企業再生支援業務にも見られ、経営者と膝を突き合わせ、アイデアを出し合い、真剣に議論を積み重ねるからこそ、絆が強まるといえる。

おわりに

日銀の金融緩和政策の長期化、人口減少、中小企業の廃業率の高止まりなど地域金融機関を取り巻く経営環境は今後も厳しい状況が継続すると考えられる。そうしたなか、本稿では、地域金融機関の経営戦略を「広域化戦略」と「深掘り戦略」に区分し、そのビジネスモデルを整理してみた。

今日では、広域化をベースに証券会社、リース会社、ベンチャーキャピタルなどをグループに抱え、総合金融サービス化を志向する銀行や、個人ローンや中小企業融資などの得意分野をさらに強化して「専門化」を志向する銀行もある。

しかし、なかには、広域化戦略を維持しながらも、「原点回帰」や「地元回帰」を唱え、利ざやを確保することができる地元重視の姿勢を示す銀行もあるなど、その取組みも多様化しつつある。一方、深掘り戦略を

採用する金融機関においても、広域化戦略とは規模感は大きく異なるものの、取引先が進出している地域に営業範囲を拡張したり、新規出店を行う動きも見られるようになっている（ただし本稿で記した渉外活動などのマネジメントモデルは変わらない）。

また、地域経済が低迷するなか、地域経済を活性化する手段の一つとして、地域金融機関同士の連携を進めるなどユニークな取組みも胎動している。

ただし、広域化戦略、深掘り戦略のどちらを採用しても、取引先とのコミュニケーションを強化する営業スタイルは、今後も重要性を増していくと思われる。それは、金融庁が事業性評価の取組みを要請していることに加え、長年の低金利競争で経営体力が消耗するなか、「金融機関の収益の源泉は顧客との対話にある」ということを再認識し始めた金融機関が増加しているからである。

そして、対話を円滑に進めていくうえで欠かせないのは、現場で活躍している行員や職員が「活き活き」と業務を行う環境づくりにある。離職率の低下や行員・職員のやる気を引き出すことに主眼を置いたマネジメントが、厳しい経営環境でも生き残ることができるビジネスモデルの支柱であることを忘れてはならない。　　　　　　　（2018年7月号掲載）

※1　本稿は筆者が『金融市場』（農林中金総合研究所）などで発表してきたレポートを加筆、修正したものであり、地域金融機関の広域化戦略については古江（「地方銀行の決算動向とマイナス金利政策下での戦略」『金融市場』2016年8月号、「マイナス金利政策下における協同組織金融機関の戦略」『金融市場』2017年2月号、「2016年度の地方銀行の決算動向と今後の経営戦略」『金融市場』2017年8月号、「地方銀行の2017年度中間決算の状況と経営戦略」『金融市場』2018年1月号）、深掘り戦略については古江（「地域を深掘りすることで生き残りをめざす金融機関」『金融市場』2017年6月号）をもとにしている。

※2　「毎日新聞」2018年1月4日付を参照している。

※3　ほけんの窓口グループ株式会社によれば、17年3月の時点で20行の地方銀行と業務提携を行っているという（ほけんの窓口グループウェブサイト）。

※4　日本銀行「金融システムレポート」（2017）は、金融機関が収益性を改善していく取組みとして、①収益源の多様化を図る、②よりきめ細かい採算管理を実施し、他金融機関との競争も踏まえた効率的な店舗配置や提供するサービスの見直しを行う、③業務改革を進め、設備と従業員の適正配置によって、労働生産性を向上させる、④金融機関間の合併・統合や連携、の四つの取組みを提案している（70頁）。

※5　「職域サポート制度」とは、取引先企業の従業員に預金、貸出金利を優遇する代わり

第3章　マイナス金利政策下における地域金融機関の経営戦略

に、職場での営業推進を許可してもらう取組みである。詳しくは古江（「地域金融機関に広がる職域サポート制度」『金融市場』2015年7月号）を参照されたい。

※6　「積極的な取引先支援」の内容については、古江（「『目利き力』と地域金融機関」『金融市場』2017年5月号）を参照。

本稿は、古江晋也「マイナス金利政策下における地域金融機関の経営戦略—生き残りをかけた広域化戦略と深掘り戦略—」『農林金融』2018年5月号、農林中央金庫発行、㈱農林中金総合研究所編を転載したものである。

第4章

信用金庫の取引先支援
—貸出金残高減少に歯止めをかける—

田口 さつき

はじめに

　近年、信用金庫において事業再生などの「取引先支援」に向けた新たな動きがみられる。それは、貸出において消耗戦である低金利競争に巻き込まれたことへの反省や地域密着を基本としてきた推進体制の再認識がその背景にある。日銀のマイナス金利政策導入により、一段と貸出環境が悪化するなか、以下では、三つの信用金庫（横浜信用金庫、津山信用金庫、富山信用金庫）の事例[※1]から貸出金残高の減少に歯止めをかける取引先支援のあり方を検討する。これらの事例は、地域に根差す協同組織金融機関という類似点を持つ農漁協の貸出業務にとっても多くのヒントを与えるものと考える。

1．激しさを増す貸出競争

　まず、信用金庫の貸出の状況を確認しよう。貸出金残高は、1990年代後半のバブル崩壊後に急激に減少した（図表１）。その後、一旦は持ち直すものの、2000年代後半のリーマン・ショック、円高進行などによる国内の中小企業の投資意欲の低迷を反映し、前年比でマイナス傾向が続

いた。このところは貸出金残高は回復傾向にあるものの、新規の貸出金利は、金融機関間の貸出競争の激化や日銀の金融緩和政策もあり、低下傾向にある（図表２）。

このように貸出において厳しい状況が続くなか、取引先の成長が生き残りに直結するという認識から、「取引先支援」を業務として捉える傾向が、信用金庫において強まっている。

２．信用金庫の貸出に関する特徴

ここで改めて、信用金庫の貸出に関する特徴について整理する。

信用金庫は、協同組織金融機関ゆえに営業地域が限定される。さらに、相互扶助を基本理念としている。このような枠組みから、地域で集めた預金を地域に貸出として還元することを重視する。また、経営において会員や地域への奉仕をその存在意義とし、取引先の細かいニーズに応え、その繁栄を支えることを使命としている。

「地域の繁栄」という価値観を背景に、貸出業務においては、貸出先の経営状況やビジネスモデルに応じて、貸出期間、金利などを個々に設計する傾向がある。なお、貸出先が経営悪化した場合、資金回収ではな

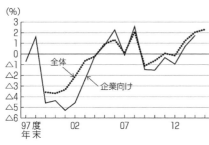

図表１　信用金庫の貸出金残高前年比

資料　日本銀行「預金・現金・貸出金」、信金中金 地域・中小企業研究所『信金中金月報』統計

注　データが遡れるのは貸出金（企業）の前年比が97年度、貸出金（全体）の前年比が99年度からである。

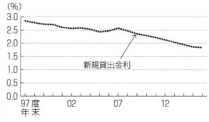

図表２　信用金庫の新規貸出金利

資料　日本銀行「貸出約定平均金利」

注　３月の金利である。データが遡れるのは97年度からである。

く、まず再建を優先する姿勢が強い。

そして、取引先のニーズを聞き取るために、渉外担当者による取引先訪問を重点的に行っている。渉外担当者は各支店に配属され、近隣の取引先を訪問し、相談を受けつけ、金融サービスの提案を行うなど、その働きについて「渉外担当は信用金庫の看板を背負っている」[※2]と言っても過言ではない。また、渉外担当者の訪問頻度が高いことも信用金庫の特徴である。

ただし、渉外担当者の頻度の高さや熱意だけでなく、相談に的確に応え、経営に役立つ提案ができるかが、現在より厳しく問われている。そのため、渉外担当者の能力の向上に加え、渉外担当者を支援する取組みの強化が図られている。たとえば、専門案件を担う部署を（その多くは本部内に）設置し、専担者を配属させるといったものである（図表3）。また、専門部署と支店の連携強化を本部の支援部署が担っている。

以上のような特徴を踏まえ、以下では三つの信用金庫の取引先支援の事例をみていきたい。

3．財務予測で経営判断支援　―横浜信用金庫―

まず、横浜信用金庫（神奈川県）の事例をみてみよう。同庫は、12年から渉外担当者が企業分析を行い、「財務診断表」を作成し取引先に還

図表3　支店へのサポート体制

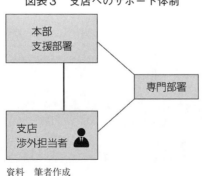

資料　筆者作成

元するという、同庫独自の取組みを開始した。

　具体的には、渉外担当者が取引先から財務情報を提供してもらい、5年後の売上目標などを聞き取る。これをもとに、渉外担当者が先行き5年間の将来像を反映した財務諸表を作成し、取引先に「財務診断表」として還元するというものである（図表4）。この取組みは、「渉外担当者の財務分析などの能力を使い、取引先に喜ばれることが何かできないか」という発想から生まれた。

　財務診断表を受け取った取引先の反応はよく、その後の貸出の増加につながっている。取引先は経営内容が悪くても診断を拒まず、むしろ財務診断表に現れた将来の業績等をみて経営改善の意欲が高まったという事例もある。同庫としても、この取組みにより取引先の将来の夢などを聞き、ともに将来像を考えることが可能となった。とくに、取引先のニーズがより詳細に把握できるようになった。

　渉外担当者は財務診断表の作成を通して取引先と共有した情報を「決算書分析結果フィードバック実施報告書」としてまとめ、本部の総合企画部に提出する。同部は、これを営業支援のためのシステムに登録し、関係部署に提供する。この情報をみて、事業継承、経営改善などの各種の専担者が支店もしくは取引先の支援を行うという連携が出来上がった。

図表4　横浜信用金庫のサポート体制

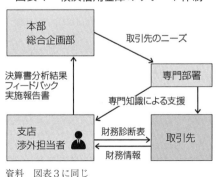

資料　図表3に同じ

4．補助金申請書の作成支援 —津山信用金庫—

　次に、補助金申請書の作成支援で高い実績を誇る津山信用金庫（岡山県）の事例について述べる。同庫が、取引先に対し、補助金申請書の作成支援に踏み出したのは、13年4月に営業支援部（現在は、地域創生部）の中に新設された地域創造課（現在は、地域創生室）の専担者が訪問先企業の相談を受け、補助金申請書の作成支援を行い、感謝されたことが発端となっている。そもそも地域創造課は、新規事業等に挑戦する経営者を支援するために設置された。この取組みにおいて、渉外担当者は支援先から相談された内容を地域創生室に連絡する役目を担っている（図表5）。

　支援の開始は、①渉外担当者が直接、地域創生室に連絡する、②渉外担当者による日報システムへの記入を専担者がみて支援が必要な取引先を発見する、という二つの流れがある。なお、同じ地域創生部の営業店支援課は日報システムの整備など、地域創生室と支店の渉外担当者をつなぐ役割を果たす。

　専担者が支援先に出向き、補助金の制度や内容を説明し、どの補助金を申請するか支援先に判断してもらう。そして、事業計画、アピールポイントの練り込みなどを話し合い、申請書の内容を確定していく。

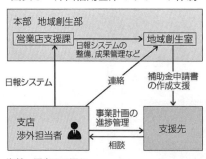

図表5　津山信用金庫のサポート体制

資料　図表3に同じ

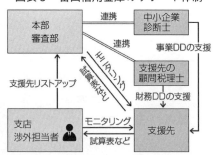

図表6　富山信用金庫のサポート体制

資料　図表3に同じ
注　DDは、デューデリジェンスの略。

採択された先からは、つなぎ資金や助成されなかった部分の資金について相談を受けることがある。また、不採択になったとしても、支援作業を通じ、支援先と信頼関係が築ける。不採択になった申請書を見直すフォローも徹底し、何度目かの挑戦で採択された先も少なくなく、支援先の7割で補助金支給が認められるといった高い実績を出している。

　このような補助金申請書の作成の過程で、その企業の財務だけでなく、技術力などがわかるようになるという。支援先が自覚していない技術力の高さを専担者が発見することが多いそうだ。

　地域創生室の専担者が引き上げた後の支援先に対し、渉外担当者は継続的に事業計画の進捗の把握に努めることで、関係を強化している。

　相談も増え、先端技術の開発支援に向け、同庫は津山工業高等専門学校と提携を結び、取引先に研究者・技術者を紹介している。

5．事業再生の支援　－富山信用金庫－

　最後に富山信用金庫（富山県）の事例をみたい。同庫は、中小企業の経営改善を促進することを目的とする国の経営改善計画策定支援事業（以下「支援事業」という）の経営革新等支援機関（以下「支援機関」という）[※3]として全国でもトップクラスの利用相談件数を誇る。

　同庫が、支援機関として事業再生の支援に取り組んだのは、中小企業金融円滑化法の期限到来（13年3月末）を間近に控えた12年に、「取引先の抜本的な経営改善のために何ができるか」を議論したことが背景にある。そして、事業再生のためには、外部の専門家との関係強化が必要と判断し、同庫は、12年から県内の中小企業再生支援協議会や中小企業診断士協会など外部組織と相次いで提携を開始するなど、準備を進めた。

　前述のような同庫の高い相談実績は、経営改善が必要な取引先などをリストアップし、審査部担当者と営業店の渉外担当者が抽出先を訪問し、経営改善計画策定（以下「計画策定」という）による事業再生を提案するという活動を12年に行ったことが下地にある（図表6）。

　また、計画策定にあたり、支援先が経営改善計画のコンサルティング

を受ける際に支払う費用を軽減するため、支援事業による国の補助に加え、富山県信用保証協会の補助制度を活用するという負担軽減策も講じている。

そして、経営改善計画が実効性を持つよう専門家と連携している。提携する中小企業診断士協会から派遣される中小企業診断士が事業デューデリジェンス※4を担当し、問題点と改善方法を明らかにする。支援先は専門家の指摘に気づかされることが多く、助言を感謝して受け入れるという。

また、財務デューデリジェンスの作成では、同庫職員と支援先の顧問税理士などが協力することで、財務状況を正確に把握し、その後のモニタリングでも連携して対応することが可能になっている。

計画策定後は、渉外担当者等によるモニタリングを徹底させている。

13年11月より、同庫の本部の審査部担当者と渉外担当者が四半期ごとに支援先を訪問し、計画の進捗状況を把握している。モニタリングのときは、訪問先が試算表などを用意して待っていてくれるそうである。計画は根拠のある数値を積み上げたものなので、着実に進むことが多い。しかし、あまりにも計画と実績がかい離している場合は、計画の見直しを行う。このような早期の対応が可能なのも、高頻度のモニタリングゆえである。

6．貸出業務の改善に向けた共通点

以上の三つの信用金庫の事例に共通する貸出業務の改善に寄与する要因を整理したい。注目すべき点は、①役職員の思い、②渉外担当者を起点とすること、③本部と支店の連携、④専門人材の活用である。

①については、このような取引先支援は、「取引先のために何ができるか」という問いや「取引先のために何かしたい」という役職員の思いから始まっている。借換え案件の獲得などに経営資源を割いても、低金利競争に巻き込まれるだけで、実質的に利益に結び付かず、取引先とも金利のみのやり取りに終わっていたという反省もあった。

②では、渉外担当者の訪問を取引先支援の中核に据えている点が注目される。渉外担当者は取引先の情報収集を行うだけでなく、先行きの財務諸表を作成する、支援先をリストアップする、といった役割を果たしている。前述のように地域密着の金融機関にとって、渉外担当者によるきめの細かい取引先訪問が貸出推進の原点である。

信用金庫の「顔」である渉外担当者の訪問をより内容の濃いものにするために、③本部と支店の連携、および④専門人材の活用をより推進している。

③の本部と支店の連携においては、横浜信用金庫、津山信用金庫の事例では、本部の総合企画部、営業店支援課といった支援を担当する部署が現場の職員が働きやすいよう環境を整備している。たとえば、渉外担当者の収集した情報が専担者に的確に届くよう工夫している。また、取引先支援の進捗状況を「見える化」し管理している。富山信用金庫は、本部の審査部が渉外担当者と一緒に取引先の支援を直接行うだけでなく、進捗管理もしている。

④の専門人材の活用については、支店からの情報に基づき、専門部署の専担者が取引先に出向き、専門知識に基づく支援を行っている。もしくは、本部が提携している外部組織の専門家の協力を仰いでいる。これらの信用金庫では、本部はあらかじめ専門的な人材の獲得や外部組織との連携を進めていた。同時に、組織内部の人材育成を強化している。とくに、渉外担当者を専担者と同行させ教育の場にもしている。

7．取引先支援から得られた効果

最後に、本稿でみてきた取引先支援の効果についてふれたい。

各信用金庫の貸出の状況は図表7から図表9（次頁）のとおりである。直近において、横浜信用金庫、津山信用金庫は貸出（なかでも中小企業等向け）を伸ばしている。富山信用金庫も貸出の減少に歯止めがかかっている。直近の好転は、アベノミクスといった外部環境好転の影響もありうるが、むしろ、取引先支援には、このような数値では現れない部分

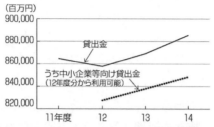

図表7　横浜信用金庫の貸出残高

資料　横浜信用金庫ディスクロージャー、金融庁「中小・地域金融機関の主な経営指標」
注1　財務診断表の作成は12年に開始。
注2　中小・地域金融機関の主な経営指標は金融庁が各金融機関が公表している情報をもとに作成。資本金3億円以下または常用従業員300人以下（卸売業は資本金1億円以下または常用従業員100人以下、小売業、飲食業は資本金50百万以下または常用従業員50人以下、物品賃貸業等の各種サービス系業種は資本金50百万以下または常用従業員100人以下）の事業者および個人に対する貸出金残高である。

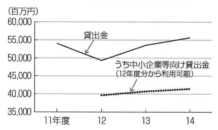

図表8　津山信用金庫の貸出残高

資料　津山信用金庫ディスクロージャー、金融庁「中小・地域金融機関の主な経営指標」
注1　補助金申請書の作成支援は13年に開始。
注2　図表7注2に同じ。

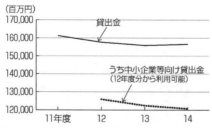

図表9　富山信用金庫の貸出残高

資料　富山信用金庫ディスクロージャー、金融庁「中小・地域金融機関の主な経営指標」
注1　事業再生の支援は12年に開始。
注2　図表7注2に同じ。

第4章　信用金庫の取引先支援

の効果があった。つまり、①取引先からの情報提供、②組織の活性化、③目利き力の向上、④新しい金融サービスの開発である。

　まず、①においては、各信用金庫の支援を通じ、取引先が進んで財務や技術などの情報を開示してくれるようになった。渉外担当者らが取引先に支援内容について初めて説明したとき、これまでのようなキャンペーンや低利融資の話ではなく、経営に踏み込んだ申し出であることに驚きを示すことが多かったそうである。そして、職員が支援に取り組む姿をみて、改めて経営のパートナーと認められるという効果があり、一段と経営に踏み込んだ相談も増えている。

　②については、三つの信用金庫は、取引先支援の具体的な施策を見つけた後、組織に根付くよう職員に働きかけた。最初は、新たな取引先支援の意義などがわかっていなかった渉外担当者も、一つの案件が進んでいくと積極的にかかわるようになったという。専担者のノウハウを学ぼうとする姿勢も職員の間に強まった。

　また、③については、信用金庫は支援のなかから多くのことを発見し、今後の推進の手がかりをつかんでいる。たとえば、取引先も気がつかなかった技術力の高さがより詳細に把握できるようになった。この結果、技術力を本業以外の商品づくりに応用するなどの提案ができるようになった。また支援を通じて蓄積された取引先の技術力水準とニーズといった情報を生かし、産学連携の橋渡し、第二創業支援など新たな分野への挑戦も始まっている。

　④については、富山信用金庫では、再建中の取引先が抱える日々のキャッシュフローへの不安に対応するため、各種補助金の申請支援や日本政策金融公庫など他金融機関との協調融資など、資金調達方法を複数用意した。今後は、近年取り組んだABL（動産・売掛金担保融資）も再建途上の企業の融資のため、活用していきたいとしている。このように金融サービスも新たな取組みが始まっている。

　これらの効果により、資金使途も金利の低さが訴求する「借換え」から設備投資や開発といった前向きな内容になってきている。

55

金融機関はいずれも、低金利競争にさらされている。このようななか、成長する地域へと拡大ができない協同組織金融機関においては、取引先支援に向かうのは自然の流れと思われる。紹介した事例では、①役職員の思いを発端として、②渉外担当者を起点とし、③本部と支店の連携、④専門人材の活用を進めていた。そして、取引先への支援をきっかけに、取引先の持つ能力を正確に把握し、そのニーズをくみ取る能力が向上していた。

　貸出金残高増加の（もしくは減少に歯止めをかける）ための近道はない。むしろ、地道な取組みをより意図的かつ継続的に行うことが将来の貸出に結び付くと考える。　　　　　　　　　　　　　　　　　（2018年8月号掲載）

※1　事例の詳細は、田口（「横浜信用金庫」『金融財政事情』2015年66巻2号（48頁）、「富山信用金庫」『金融財政事情』2015年66巻38号（56頁）、「津山信用金庫」『金融財政事情』2015年66巻45号（56頁））を参照されたい。
※2　広島みどり信用金庫サイトより引用。http://www.shinkin.co.jp/midori/recruit/work.html
※3　「経営革新等支援機関」とは、借入金の返済負担等、財務上の問題を抱えていて自ら経営改善計画等を策定することがむずかしい中小企業・小規模事業者の依頼を受けて経営改善計画などの策定支援を行う機関をいう。中小企業経営力強化支援法に基づき、経営革新等支援機関として認定を受ける。
※4　一般に「デューデリジェンス」とは、資産価値を精査することである。精査の過程で将来性、リスク、経営資源など多角的に分析する。

本稿は、田口さつき「信用金庫の取引先支援—貸出金残高減少に歯止めをかける—」『農林金融』2016年8月号、農林中央金庫発行、㈱農林中金総合研究所編を転載したものである。

第5章

積極化する地銀の農業融資

長谷川 晃生
（はせがわ こうせい）

はじめに

　地方銀行（以下「地銀」という）等は、2005年前後から農業融資の取組みがみられ、その後も継続している。本稿では、地銀が農業融資に積極的な背景と最近の融資残高の動向を整理したうえで、特徴的な事例を紹介する。

1．積極化の背景

　地域密着型金融が政策的に進められた05年前後から、地銀は農業融資に取り組むようになった。当時、中小企業向け融資残高が長期的に縮小する一方、これまで取引が希薄であった農業分野について、国が政府系金融機関改革による民間金融機関の参入を促したこともあり、地銀は新たなマーケットとして注目した。
　その後、中小企業向けは、13年の日銀による量的・質的金融緩和の導入以降、残高増加に転じたが、超低金利が長期化しているため、地銀の収益力は低下した。また、人口減少にともなう営業基盤の衰退が地方圏で顕在化するなか、16年に日銀がマイナス金利政策を導入し、貸出金利

回りがさらに低下したことで、地銀には融資伸長等による生き残りが求められている※1。

経営環境が厳しさを増すなかで、地銀は農業分野に引き続き注力している。また最近では、国が推進する地方創生等地域経済の活性化に向けた動きのなかで、農業地域を営業エリアとする地銀を中心に食・農業関連のさまざまな支援が展開されつつある。

一方、国は農業経営体の法人化を推進し、農業法人数は増加が続いている。経営規模の拡大、直接販売や加工等の経営多角化にともない、多額の資金借入が必要となる事例が増えるとともに、地銀の融資対象となる経営管理に優れた法人も増加している※2。

2. 農業融資残高の増減状況

地銀は農業融資に積極的であるが、融資残高はどのように推移しているのであろうか。データ把握が可能な国内銀行（都銀、地銀、第二地銀、信託銀行の合計）と地銀個別行の「農業・林業」向け融資残高をもとにその動向を概観する。

(1) 運転資金を中心に残高が増加

まず、地銀等を含む国内銀行の10年以降の融資残高（運転資金と設備資金の合計）をみたのが図表1である。

残高は12年から増勢に転じている。内訳をみると、設備資金※3は14年から、運転資金は、地銀等の取組みが積極化した06年から、15年を除き増加している。

残高合計に占める運転資金の割合は18年時点で7割を超えている。残高が運転資金中心である理由として、農業経営体にとって設備資金は金利・償還期間等の面で有利な農業制度資金の利用が一般的であることが挙げられる。

第5章 積極化する地銀の農業融資

(2) 一部地銀が増加を牽引

次に国内銀行のうち地銀64行、第二地銀41行の動向をみると、地銀の残高は第二地銀を大きく上回り、増加額も地銀が大きい（図表2）。

個別にみると、地銀各行で残高の差があり、18年時点で上位10行が全地銀の過半を占めている。また、15年から18年にかけて残高が増加したのは48行であったが、上位10行の増加額が全体の66％を占めている（図表3）。

地域別にみると（図表4）、九州、関東・東山の順に残高が多く、18年までの3年間の増加額は両地域で全体の73％を占めている。地銀の融資残高は増加しているが、九州、関東・東山等の農業地域を中心に、一部地銀が全体の増加に影響していることがわかる。

図表1　国内銀行の「農業・林業」向け融資残高

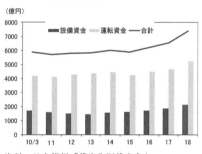

資料　日本銀行「貸出先別貸出金」
注　残高は銀行勘定

図表2　地銀、第二地銀の「農業・林業」向け融資残高

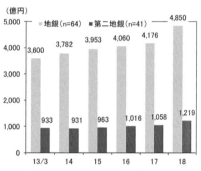

資料　各行の公表資料を基に作成

図表3　地銀の農業融資増減額（上位10行）

（単位 億円、％）

	増減額 (15/3～18/3)
地銀合計(a)	897
西日本シティ銀行	170
八十二銀行	98
肥後銀行	84
宮崎銀行	61
北海道銀行	39
常陽銀行	30
福岡銀行	30
中国銀行	29
鹿児島銀行	28
滋賀銀行	27
上位10行合計(b)	595
上位10行の割合(b/a)(％)	66.3

資料　図表2に同じ

図表4　地銀の残高、増減額等（地域別）

（単位 億円）

	残高 (18/3)	増減額 (15/3～18/3)
合計(n=64)	4,850	897
北海道(n=1)	163	39
東北(n=10)	608	78
関東・東山(n=11)	1,004	220
北陸(n=6)	333	△ 26
東海(n=7)	319	14
近畿(n=7)	188	44
中国(n=5)	236	72
四国(n=4)	179	21
九州・沖縄(n=13)	1,819	434

資料　図表2に同じ

３．事例紹介

　地銀の取組みを各行のプレスリリース、新聞報道等から把握することはむずかしい。そこで、地銀のなかでも農業融資残高が多く、残高が伸びている先への聞き取りから、取組みの変遷と最近の特徴を紹介する。

(1)　Ａ銀行
ａ．融資体制
　畜産が盛んな地域を営業エリアとするＡ銀行は、04年頃から、川上の農業生産、川中の食品製造業を中心とし、川下の流通業を含めた農業関連企業全体の活性化に注力してきた。

　04年に、本店の法人営業支援をおこなう部署に専担者を配置し、08年には農業関連の企画等を担う専担部署（室）を設置し、18年に部へと昇格し、体制拡充を図っている。

　現在の専担部署の主な業務は、①一次産業向け融資、六次化サブファンド等の各種農業経営体向けファンドの推進、②融資先のモニタリング等である。後述する食関連の商談会は別部署が担当している。

　専担部署では、外部人材を積極的に活用し、当初から行政職員 OB（元農業改良普及センター職員等）を招聘している。また人材育成のために、農業関連企業に若手職員を長期出向（１年～１年半）させることによる OJT 研修を実施している。出向先の一つに肉用牛の大規模企業経営があり、生産から食肉処理、経営管理や営業部門で研修することで、畜産全体の把握に努めている。

ｂ．融資動向
　Ａ銀行では、農業融資残高の増加が続いている。融資残高に占める肥育牛経営向けの短期運転資金の割合が高いという特徴がある。

　肥育牛経営向けの運転資金の使途は、飼養頭数増加にともなう素畜導入や飼料購入のための資金需要が中心である。子牛価格が高騰しているなかで、融資先は引き続き増頭意欲があり、素畜導入の必要額増加に対

応していることが残高伸長の主因である。なおＡ銀行は、耕種経営体向けにも融資しているが、残高伸長にはいたっていないとみている。

Ａ銀行では、畜産に限らず耕種等の比較的小口融資への対応として、日本政策金融公庫のスーパーＬ資金の代理貸付に積極的である。一部地銀では制度資金の煩雑さ等から、取扱いに躊躇するケースがあった[※4]。しかしＡ銀行は、自行の残高伸長につながらないものの、現在の金利環境下で代理貸付にともなう手数料収入も重要と考えている。

ｃ．管理体制

Ａ銀行は、数億円の短期運転資金が必要となる大規模な畜産経営体向け融資を行うにあたって、畜産物（牛、豚）の動産を担保とするABL（動産・債権担保融資）に取り組んできた。

ABL 先からは、契約に基づき、定期的に事業の進捗や担保物件の状況等の報告を受ける。これにより、経営状況を随時把握できるため、経営悪化に際して迅速な対応を図ることができると考えている。

12年頃から、肥育牛経営を巡る環境が悪化したことを受けて、融資関連部署は融資先へのモニタリングを強化した。さらに15年に、モニタリングの効率性向上のため、肥育牛経営に詳しい専担部署にその業務を移管した。そして専担部署では、主に ABL 先への定期的な訪問を通して、資金繰り等の経営状況を見極めながら、新規融資を実行している。

仮に問題が発生すれば、経営破綻にいたる前に、Ａ銀行は、他の畜産経営体や畜産関連企業との連携により、経営継続のための各種支援を行いたいと考えている。

ｄ．商談会による販路開拓支援

Ａ銀行は、他地域の金融機関と共同で、首都圏で農産物や加工品等の食関連の商談会を09年頃から継続開催している。

15年前後には、商談会の出展予定者（農業経営体以外も含む）に対して、元百貨店バイヤーやパッケージデザイナー等を講師に事前相談会を開催し、商品の改善点や PR 手法を学ぶことで、商談会での成約率が向上するような支援を行った。

e．今後の展開

A銀行は畜産向けを中心に残高を伸ばしてきた。すでに営業エリア内の中・上位層の多くの肉用牛（肥育）経営体と融資取引があり、今後の新規融資先の拡大余地は少ないと考えている。

A銀行は、耕種経営向けを強化する意向であるが、耕種向けの融資ノウハウが乏しいため、16年に卸売業者等と農業法人を共同設立した。そして、玉葱、オクラ、パプリカ等を露地と施設で栽培することで、畜産と異なる経営ノウハウの習得に努めている。また農業経営体への直接的な支援を行いたいと考えており、設立法人は農業法人等からの農産物の集荷・販売事業を開始している。さらに、農業ICT活用等による新たな農業モデルの構築を目指している。

(2)　B銀行

a．取組み経緯

B銀行は、06年に法人営業部署に兼務の担当者を配置した。09年頃までに専任担当とし、現在も同様の体制を維持している。また、ここ数年、行政の農業関連部署に職員を出向させている。

当初、自行の取組みを農業経営体に広く認知してもらうために、食関連の商談会の開催や、農業融資の独自商品を創設した。そして、09年頃に、本店主導で農業法人を中心とした営業を開始し、融資伸長のために、農業信用基金協会の保証を付与する融資商品を新設した。

12年頃になると、農業を医療、観光等とともに成長分野と位置付け、融資だけでなく、農業法人設立、販路開拓、六次産業化の支援にも注力するようになった。そして、最近では農業経営体への融資拡大に力を入れている。

b．融資動向

融資残高は一貫して増加傾向にある。経営形態別の融資先数は非法人が法人を上回っており、全体の7割を占めている。ここ数年、大規模経営体向けの残高はほぼ横ばいで推移する一方、さまざまな営農類型向けの融資（1件当たり1〜2千万円）が残高増加の中心となっている。

第5章　積極化する地銀の農業融資

　なお、基金協会保証を利用したＡ銀行の融資残高は、緩やかに増加している。保証を付与した融資額は、１件当たり５百万円程度と少額であることから、小口融資の際にも活用されているものとみられる。

　Ｂ銀行は、支店向けに農業融資に関する研修を継続的に実施することで、農業分野に目が向くように努めてきた。融資拡大が求められるなかで、支店の営業活動が農業分野にも徐々に広がったことが、残高増加に影響しているとみている。

　また、効率的に新規取引先を開拓することが重要と考え、農業近代化資金や青年等就農資金等の制度資金を積極的に取り扱っている。制度資金を取り扱うことで、自行のプロパー資金との協調融資も行っている。さらに、近代化資金は融資機関が補助（利子補給）を受けることができるため、マイナス金利下での金利収入も期待できるという。

ｃ．非金融支援の充実

　Ｂ銀行の食関連の商談会への出展者は比較的大規模な農業法人が中心である。小口融資の伸長のためには、商談会だけでなく、法人化や規模拡大が見込まれる若手農業者向けの支援が必要と考え、以下のような支援を展開している。

　一つ目は、首都圏での不定期で開催する農産物販売ブースの新設である。出展者は、特徴がある農産物（果樹、野菜等）の生産者とし、未取引先にも声を掛けている。販売ブースの新設によって、首都圏の食品関連企業への販路拡大を期待している。

　二つ目は、農業経営に関するビジネススクールの開催である。Ｂ銀行は、これまでも農業経営体向けのセミナーを開催してきたが、より効果的な支援のためには、対象者とテーマを絞ることが必要と考えていた。そこで、中小企業診断士を講師に、農業経営力と営業販売力の強化に関するセミナーを開催することになった。受講者は30〜40歳代の20名程度の農業経営者である。同セミナーを日本公庫と共同開催することで、自行の融資先だけでなく、参集範囲を拡大することができたと、Ｂ銀行ではみている。

d．一般企業の農業参入支援

　ここ数年、融資先企業が農業参入に関心を持つようになり、B銀行の参入支援実績は増えつつある。

　具体例として、融資先の運輸関連企業による果樹栽培への参入がある。この企業から農業参入の相談を受けた営業店は、本店に繋ぎ、本店が導入農作物の選定等を検討した。そして、参入にともなうさまざまな実務に関しては、外部の専門のコンサルタント会社を紹介することで対応した。

　参入企業に対しては、B銀行と日本公庫が協調して融資をおこなった。B銀行には果樹栽培に関するノウハウが希薄であったが、公庫から果樹経営の基本的なデータを入手できたことで、融資判断に活用できたとしている。

　B銀行は、こうした企業から参入した農業法人等を軸とした新たな産地形成を通じて、地域の農業振興に繋げることが重要としている。

e．今後の方向性

　今後は、非法人を含む多様な農業経営体の資金需要に応えるとともに、食品関連企業の農業参入にともなう金融ニーズにも対応していきたいと考えている。B銀行では、小口の農業融資に効率性を求めることはむずかしいが、地域の経済基盤が弱体化するなかで、こうした資金需要に対応することが必要としている。その際、農業融資の伸長を目指すだけでなく、農業経営体の預金獲得や農業生産以外のさまざまな資金需要を取り込むことを考えている。

4．おわりに

　本稿でみたように、さまざまな外部要因の変化があっても農業融資に引き続き積極的である。調査先では、05年前後に本店に専担者が配置され、融資商品の創設等も進められた。この時期から、販路支援のための商談会が定期的に開催されている。12年頃までに、本店主導で営業が開始され、営業エリア内の大規模な農業法人を中心に新規融資先の開拓が

進展した。その後もさまざまな非金融支援や外部出向による人材育成等がなされている。ここ数年、地銀のプレスリリースにおいて、目新しい取組みは少なくなり、体制整備から融資伸長へと局面が変化している。

肥育牛経営向けは、企業的経営が生産の中心というなかで、A銀行のようにABLによる債権管理の高度化を進めたことが融資拡大に繋がっている。また、農業経営体の規模拡大と経営多角化の進展、一般企業による農業参入の増加、国がそうした経営体への政策支援を重点化するなかで、B銀行のように営業活動の範囲を農業分野に広げる工夫を行うことが残高増加に影響している。

地銀を巡る経営環境は厳しく、地銀は融資だけでなく六次産業化等の支援を通じて、地域経済の活性化に貢献することで、新たな資金需要を創造し、収益拡大に繋げることが課題である。国の地方創生等地域経済の活性化に向けた動きが活発化するなかで、政策的にも地銀の役割発揮への要請が強まりつつあり、A銀行の農業法人設立は役割発揮の一事例と考えられる。こうした取組みは始まったばかりで、今後どのように進展するのか注目する必要がある。　　　　　　　　（2018年9月号掲載）

※1　地銀を巡る環境等は古江（2018）を参照。
※2　積極化の詳細は長谷川（2016）を参照。
※3　設備資金は、「耐用年数がおおむね1年以上の有形固定資産に要する資金」で、運転資金は農業・林業合計から設備資金を差し引いたもの。
※4　長谷川（2013）を参照のこと。

〈参考文献〉
・長谷川晃生（2013）「地銀の農業融資の変化と最近の特徴」農林金融4月号
・長谷川晃生（2016）「事例にみる農業融資の変遷と新たな変化」農林金融8月号
・古江晋也（2018）「2017年度の地方銀行の決算動向と今後の経営戦略」金融市場8月号

第2部

欧州の協同組織金融機関

第6章

地域・協同組織金融機関と再生可能エネルギー

寺林 暁良
(てらばやし あきら)

 はじめに

　日本では、2012年7月に再生可能エネルギー促進法に基づいて固定価格買取制度（FIT: Feed-in Tariff）が本格導入されたことで、再生可能エネルギー発電設備の導入が進んでいる。再生可能エネルギー事業は基本的に装置産業であり、設備投資費用の調達先として地域金融機関や協同組織金融機関（以下、「地域・協同組織金融機関」とする）に大きな役割が期待される。

　そこで本章では、再生可能エネルギー事業の資金調達の特徴を簡単に踏まえたうえで、地域・協同組織金融機関による取組みが期待される理由と、その課題を整理する。さらに再生可能エネルギー普及の先進地であるドイツの地域・協同組織金融機関の取組みを紹介し、日本の地域・協同組織金融機関への期待を述べることにしたい。

 1．FIT 導入以降の再生可能エネルギーの資金調達

　FIT は、電力の売渡価格を一定期間固定してキャッシュ・フローを安定させ、事業の採算性を保証することで民間の設備投資を促進する政

策で、ドイツやイギリスなどの多くの国で再生可能エネルギーの推進に役立ってきた。日本でもFITの導入以降、民間事業者による再生可能エネルギー事業が飛躍的に増加した。

FITの導入は、日本でも再生可能エネルギー事業の資金調達方法を大きく変化させた。FITの導入以前、再生可能エネルギーには年間400〜500億円の導入補助予算が設けられており、各事業の設備導入資金の大半を補助金が占める場合が多かった。しかし、FITの導入以降は設備導入を目的とした補助金はほぼなくなり、FITのもとで事業計画を立てて民間資金を活用して事業を行うことが主流となった。

民間からの資金調達が前提となるなかで、とくに大きな役割を果たすようになったのが金融機関である。再生可能エネルギー事業では、事業費の2〜3割程度を出資（エクイティ）で、残りの7〜8割程度を金融機関などからの融資（デット）で調達するのが一般的である。

実際、FITの導入以降、国内の多くの金融機関が再生可能エネルギー事業への融資に取り組むようになった[※1]。融資対象も、当初は小規模な太陽光発電事業に限られていたが、近年では各金融機関に再生可能エネルギー融資のノウハウが徐々に蓄積していることもあり、より難易度の高い大規模な太陽光発電事業や風力発電事業などに融資を行う金融機関も増えてきている。

2．再生可能エネルギーに地域・協同組織金融機関が取り組む意義

金融機関は、再生可能エネルギーへの融資で重要な役割を果たすようになっているが、とくに役割の発揮が期待されているのが地域・協同組織金融機関である。その理由としては次のような点が挙げられる。

(1) 再生可能エネルギーは地域分散型が基本

まず、再生可能エネルギーは各地域に分散して導入されることである。図表1は、発電所の数と最大出力を発電所の種類別に比較したものであ

第6章　地域・協同組織金融機関と再生可能エネルギー

る。火力や原子力は1カ所あたりの出力が大きい「大規模集中型」であるといえる。一方、屋根上への設置が原則となる10kW未満の太陽光はもちろん、その他の太陽光や風力、中小水力、地熱、バイオマスも、火力や原子力に比べて1か所あたりの出力が比較的小さい「小規模分散型」である（図表1）。そのため、再生可能エネルギー事業の資金需要は、各地域に分散して発生することになる。地域の中小規模の資金需要に応えるのは、まさに地域金融機関の役割である。

また、再生可能エネルギー事業の業績やリスクは、日照や風況、台風の影響や積雪の状況など、各地域の気象条件に直結する。こうした地域の気象条件などを考慮して事業審査を行いやすいという点も、地域金融機関に期待がかかる理由である。

(2)　地域経済の活性化

地域・協同組織金融機関には、再生可能エネルギー事業に取り組むべき、積極的な理由もある。それは、再生可能エネルギー事業が地域経済の活性化に直結しうるからである。地域経済の活性化は、地域金融機関の重要な使命であると同時に、自らの事業存続の要件でもある。

地域主導の再生可能エネルギー事業は、①売電等の事業収入、②設備

図表1　発電所の数と最大出力の比較（2017年3月末時点）

	発電所数	最大出力	1発電所あたり最大出力
単位	カ所	kW	kW/カ所
太陽光（10kW未満）	2,244,820	9,454,497	4
太陽光（10kW以上）	474,545	29,016,140	61
風力	588	3,313,194	5,635
中小水力	464	447,550	965
地熱	30	15,588	520
バイオマス	448	1,973,950	4,406
火力	427	174,392,241	408,413
原子力	16	41,482,000	2,592,625

資料　資源エネルギー庁「固定価格買取制度情報公表用ウェブサイト」、同「電力調査統計」より作成。
注　太陽光、風力、小水力、地熱、バイオマスは、固定価格買取制度の新規認定導入量と移行認定導入量の合計。バイオマスは「バイオマス比率考慮あり」の値。

の維持・管理にともなう雇用や仕事の創出、③土地賃借料、④各種税金、⑤燃料需要の創出（バイオマス事業の場合）など、さまざまな経済的価値を生みだしうる。また、地域から集めた預貯金をもとにして、再生可能エネルギー事業の資金需要に応えることは、資金の地域内循環にも直結する。さらに、バイオマス発電事業や洋上風力発電事業のように、農林水産業の現場で行う再生可能エネルギー事業は、うまく活用できればそれらの産業振興にもつながりうる。

　実は、FIT 導入以降の再生可能エネルギー事業を振り返ると、都市圏の事業者が農村部で事業を行う「外部主導型」が大半であり、せっかくの売電収益がほとんど地域に還元されていないことも多かった。地域の事業者や住民が主体となった「地域主導型」の再生可能エネルギー事業をいかに増やすのかが課題となるなか、地域金融機関には、地域で培ったノウハウやネットワークを生かして事業を支援していくことが期待される。

(3)　環境金融・社会的金融の実践

　これからの地域・協同組織金融機関のあり方を展望した場合には、再生可能エネルギー事業に対する支援が環境金融・社会的金融を地域で実践することにつながる点にも着目できる。これは、組合員・会員の意志に寄り添って運営を行う協同組織金融機関がとくに意識すべき点といえるかもしれない。

　2011年に国内の金融機関が取りまとめた「持続可能な社会の形成に向けた金融行動原則」の一つには、「地域の振興と持続可能性の向上の視点に立ち、中小企業などの環境配慮や市民の環境意識の向上、災害への備えやコミュニティ活動をサポートする」という、地域密着型の環境貢献の重要性が掲げられている。再生可能エネルギーの推進は、気候変動問題などの環境問題に対する取組みに直結しており、地域主導の再生可能エネルギー事業を金融面からサポートすることは、地域に根付いた環境金融を体現する具体例となる。

　また、ESG（環境・社会・ガバナンス）や SDGs（持続可能な開発目標）

第6章　地域・協同組織金融機関と再生可能エネルギー

に代表される持続可能性の指標が注目されるなか、環境金融・社会的金融の実践は、単に倫理的・社会貢献的な側面から重視されるのではなく、金融機関の価値そのものを示すものとなりつつあることに留意すべきである。

3．再生可能エネルギー事業融資の課題

　以上のように、地域・協同組織金融機関には、再生可能エネルギー事業への積極的な関与が期待され、実際に融資を行う事例も増えている。しかし、地域・協同組織金融機関による再生可能エネルギー事業への融資をさらに拡大するためには多くの課題もある。

　なかでも大きな障壁となるのが、再生可能エネルギー融資に関するノウハウの欠如である。金融機関は多くの規制のなかでの経営を強いられており、前例や他の金融機関と横並びのサービス提供を重視し、柔軟な対応を不得意とする側面がある。FITに基づいた小規模な太陽光発電事業は一般的な融資対象になりつつあるが、大規模な太陽光発電事業やそれ以外の再生可能エネルギー事業に対する取組みは、まだ十分とはいえない。

　これには再生可能エネルギー事業の融資額の大きさも関係している。再生可能エネルギーは小規模分散型とはいっても、1MWのメガソーラー設備で約3億円の事業費が必要になるなど、中小規模の地域金融機関にとっては決して小さな融資額ではない。融資期間がFITの期間にあわせて15～20年と長期になりがちであることも、融資判断を鈍らせる原因となっている。再生可能エネルギー事業を拡大するためには、小規模な太陽光発電以外の事業に対する融資を積極的に行う体制をさらに強める必要がある。

　そして、もっとも留意すべきなのは、現在再生可能エネルギー事業を支えているFITは、設備導入コストの下落にともなって縮小され、いずれ終了する制度であるということである。実際、ドイツでは2014年の制度改正によって、イギリスでも2019年3月の新規受付終了によって

FITは出口を迎えている。地域・協同組織金融機関が持続的に再生可能エネルギー事業に取り組んでいくためには、FITに頼らずとも融資を行える体制を築くことも求められるようになるだろう。

4．ドイツの地域・協同組織金融機関の取組み

(1) ドイツの地域・協同組織金融機関の特徴

　日本の地域・協同組織金融機関が今後進むべき方向性を考えるために、以下では再生可能エネルギー事業の融資で先行するドイツの地域・協同組織金融機関の取組みについて紹介しよう。

　ドイツは2000年にFITを本格導入し、再生可能エネルギー事業を推進してきた。とくに、ドイツでは、設備容量ベースで再生可能エネルギー設備の過半数が地域住民・市民によって所有されているという特徴がある。エネルギー協同組合と呼ばれる協同組合が事業を行うケースも多く、その数は2017年末時点で862組合にのぼる。

図表2　ドイツと日本の地域・協同組織金融機関の比較（2018年3月末）

〈ドイツの地域・協同組織金融機関〉　　　　　　　（預貯金・貸出金単位：億ユーロ）

	集計機関数	預貯金	貸出金	1機関あたり 預貯金	1機関あたり 貸出金
地方銀行等	152	8,938	9,092	58.80	59.82
協同組合銀行	917	8,409	7,789	9.17	8.49
貯蓄銀行	386	10,350	11,323	26.81	29.33

〈日本の地域・協同組織金融機関〉　　　　　　　　（預貯金・貸出金単位：100億円）

	集計機関数	預貯金	貸出金	1機関あたり 預貯金	1機関あたり 貸出金
地方銀行	64	26,256	20,101	410.25	314.09
第二地方銀行	41	6,683	5,238	163.00	127.76
信用金庫	261	14,098	7,096	54.01	27.19
信用組合	148	2,034	1,107	13.74	7.48
農業協同組合	654	10,131	2,165	15.49	3.31
漁業協同組合	80	79	15	0.99	0.19

資料　ドイツ連邦銀行「マンスリーレポート」、農林中金総合研究所「統計資料」『農林金融』等より作成。
注　ドイツの地域・協同組織金融機関の預貯金・貸出金には、金融機関向けを含む。

第6章　地域・協同組織金融機関と再生可能エネルギー

　地域住民・市民が主導する再生可能エネルギー事業を支えているのが地域・協同組織金融機関である。2015年のドイツ協同組合ライファイゼン中央会（DGRV）の調査によると、エネルギー協同組合の75％は、フォルクスバンクやライファイゼンバンクなどの協同組合銀行から融資を受けている。19％はその他の銀行から融資を受けているが、その大半が貯蓄銀行という半官半民の地域金融機関である。1機関あたりの貸出金をみると、協同組合銀行は8.49億ユーロ（1ユーロ＝130円換算で1,192億円）、貯蓄銀行は29.33億ユーロ（同3,485億円）であり、規模感としては日本の地方銀行（3兆1,409億円）や第二地方銀行（1兆2,776億円）よりは小さく、信用金庫（2,719億円）に近いといえる（図表2）。

　ドイツの地域・協同組織金融機関のなかには、再生可能エネルギー事業に融資を行うだけではなく、より踏み込んだ支援を行う事例がみられる。とくに、2014年の制度改正でFITが出口を迎えて以降は、地域・協同組織金融機関が地域住民・市民主導の事業の実現に大きな役割を果たしている。その代表的な事例を二つ紹介しよう。

⑵　GLS銀行による事業モデル支援

　まず、再生可能エネルギー事業への融資を主要な融資対象としている協同組合銀行の事例として、GLS銀行を紹介する[2]。

　GLS銀行は、社会性や倫理性、持続可能性を重視する社会的銀行として知られ、ルール工業地帯の都市・ボーフムに本店を置く。支店はベルリンやフランクフルトなど国内の6都市にあるため地域金融機関ではないが、協同組織金融機関として、各地域の社会的意義のある事業を支援している。2017年末の総資産は55.5億ユーロ、預金残高は41.3億ユーロ、貸出金は30.3億ユーロである。

　GLS銀行は「教育・文化」「住宅」「有機農業・有機食品」「健康・福祉」「再生可能エネルギー」など、同行が社会的意義を認めた分野に融資対象を限定している。なかでも近年力を入れてきたのが「再生可能エネルギー」で、GLS銀行の貸出金全体の33.2％を占めるまでに拡大している。

　GLS銀行が再生可能エネルギー事業の融資を拡大できた理由として、

75

プロジェクト・ファイナンスの体制を確立してきたことが挙げられる。事業審査では、まずキャッシュ・インフローとして売電収入を試算するが、GLS銀行は日射量や風況などの再生可能エネルギー賦存量に基づいて発電量を予測する審査会社のリストを作成しており、このなかから2社以上に事業評価報告書を作成してもらうことにしている。次に、減価償却費、土地・屋根貸しの賃料、損害保険料、各種税金、一時的な営業停止に備えた準備金などを足し合わせてキャッシュ・アウトフローを求める。そして、インフローとアウトフローの差し引きで経済的利益が確認できる場合に限って融資を行うことにしている。そのため、これまでGLS銀行が融資した再生可能エネルギー事業で貸倒れは1件も発生していない。

　また、社会的銀行であるGLS銀行の特徴として、事業者と対話を繰り返しながら、ともに事業の実現を目指すという点がある。GLS銀行には各事業分野の金融面の専門家がおり、事業計画や資金調達方法について事業者と話し合いながら、事業としての精度を高めていくのである。とくに再生可能エネルギーについては、GLSグループの投資会社が投資対象の再生可能エネルギー事業の計画策定に参画したり、事業評価を行ったりして再生可能エネルギー事業のノウハウを積み重ねているほか、事業者に対して直接ファンド投資で支援を行う場合もある。

　たとえば、GLS銀行は、ハイデルベルクの市民電力連合協同組合の事業モデル設立を支援してきた。同協同組合は、2013年に設立した発電を行うエネルギー協同組合の連合組織的な協同組合で、現在51のエネルギー協同組合等が発電した電力をドイツ全国の1万世帯以上の消費者に販売している。いわば、電力の「産消提携」のモデルである。これは、エネルギー協同組合がFITに頼らずに再生可能エネルギー事業を展開するための新たな事業モデルとして、ドイツ全土に横展開しつつある。

　このように、GLS銀行は、単に再生可能エネルギー融資を行うだけではなく、事業者と対話を繰り返しながら新たな事業モデルの確立に取り組み、ポストFITに向けても着実に融資実績を積み重ねている。

第6章　地域・協同組織金融機関と再生可能エネルギー

⑶　フォルクスバンク・オーデンヴァルトによる事業組織の設立

　次に、地域の協同組合銀行がエネルギー協同組合を設立し、新たな事業モデルの確立を確立した事例として、フォルクスバンク・オーデンヴァルトの事例を紹介しよう[3]。

　同フォルクスバンクは、フランクフルトから電車で南に1時間半ほどに位置する農村部のオーデンヴァルト郡（人口9.7万人）を営業エリアとしており、1863年に設立された。2015年末のデータによると、総資産は17.9億ユーロ、預金は14.9億ユーロ、貸出金は15.5億ユーロである。

　ドイツでは、FIT導入以降、一般市民による太陽光発電設備の導入が著しく増加し、同フォルクスバンクも太陽光発電向けの融資を積極的に行っていた。しかし、太陽光発電設備に設置に適した屋根を持たない組合員からも太陽光発電に投資したいという相談が多く寄せられるようになった。そこで、同フォルクスバンクは銀行内にプロジェクトチームを立ち上げて、再生可能エネルギーの導入に関心を示していた郡内の自治体と協議し、2009年にエネルギー協同組合を設立した。

　エネルギー協同組合は、FITに基づいて公共施設の屋根上などに太陽光発電設備の設立を進め、2011年までに69か所、6,000kW以上を導入した。こうした急激な成長を可能にした要因としては、同フォルクスバンクが1.75％の特別金利の融資プログラムを設けるなどして事業を支援したこと、複数の事業を同時に行うことによって許認可手続き等のコストを下げたことなどが挙げられる。

　エネルギー協同組合の事業は太陽光発電にとどまらなかった。2011年にはビール工場跡地を買収してエネルギー効率の高いオフィスビルとして改修し、地元の木材を利用したバイオマス熱供給システムも整備した。オフィスビルには同フォルクスバンクやその関係団体のほか、郡環境保護局などの公共団体、地元企業など26の組織・団体が入居し、約300人が働く地域の拠点施設となった。

　それ以降、エネルギー効率を高めた不動産の賃貸は、エネルギー協同組合の事業の柱となった。2013年には地域からとくに要望の高かった保育施設を建設して自治体に貸し出す業務を開始し、現在までに4か所で

300人の幼児を保育できる環境を整えている。同年には千人規模の人々が集まれるアトリウムを設立したほか、2015年には下水処理場の自治体への賃貸も開始した。

　エネルギー協同組合の事業は、経済・社会の両面から地域に大きく貢献している。経済面では、可能な限り地元企業に仕事を割り振ることで、一連の事業を通じて地域の330の中小企業に対して総額5,000万ユーロ以上の仕事を生むことにつながっている。また、社会面では、エネルギー事業によって環境に貢献するだけではなく、地域の拠点となる施設や保育施設の設立など、暮らしのニーズに応えている。

　以上のように、フォルクスバンク・オーデンヴァルトは、エネルギー事業を行う協同組合を設立し、FITに基づく太陽光発電事業を実施するだけではなく、建物のエネルギー効率化とその建物の賃貸という新たな事業モデルを構築して、地域の経済・社会に大きな成果を生み出している。

5．ドイツの地域・協同組織金融機関に学ぶべき点
——まとめにかえて

　さて、ここまでドイツの地域・協同組織金融機関による再生可能エネルギーへの取組み事例を見てきたが、日本の地域・協同組織金融機関が学ぶべき点としては、次のような点が挙げられるだろう。

　第1に、再生可能エネルギー事業は、経済面からも社会面からも重要な取組み分野として認識されている点である。GLS銀行にとって、再生可能エネルギー事業は、環境問題への取組みとして重視されるとともに、成長のドライバーとなる最大の融資分野である。フォルクスバンク・オーデンヴァルトも、再生可能エネルギー事業の推進によって地元企業への仕事を生み出すことで地域経済の活性化を実現するとともに、地域社会のニーズに応える新たな事業へと取組みを広げている。

　これらの事例は、日本の地域・協同組織金融機関にとっても、再生可能エネルギー事業の推進によって地域の経済・社会両面の活性化につな

げている実例としておおいに参考になる。

　第2に、単に FIT に頼って融資を行うだけではなく、新たな事業モデルの構築を積極的に支援している点である。GLS 銀行は専門家による事業相談、フォルクスバンク・オーデンヴァルトは事業組織の設立と同組織に対する継続的な支援といったように、銀行がコンサルティング機能を存分に発揮していることが重要である。

　日本でも FIT に頼るだけの再生可能エネルギー融資は、制度の縮小・終了によって不可能になるだろう。こうしたなかで、事業者を事業計画段階から継続的に支援し、一緒になって新たな事業モデルを構築してきた両銀行の事例は、再生可能エネルギー融資のあり方を展望するうえで大きなヒントを与えてくれる。また、再生可能エネルギー融資に限らず、地域・協同組織金融機関の役割や存在意義そのものを考えるうえでも、学ぶべき点が多いといえるのではないだろうか。　　　（2018年10月号掲載）

※1　金融機関による再生可能エネルギー融資の取組みについては、寺林暁良（2013）「地域主導の再生可能エネルギー事業と地域金融機関」『農林金融』第66巻第10号、40〜53頁を参照のこと。
※2　GLS 銀行の再生可能エネルギー融資の詳細は、寺林暁良（2014）「エネルギー転換を支える金融機関——GLS 銀行の取組みと日本での展開可能性」『環境と公害』第43巻第4号、29〜35頁、林公則（2017）『新・贈与論』（コモンズ）を参照のこと。
※3　オーデンヴァルト・エネルギー協同組合の取組み詳細は、寺林暁良（2018）「オーデンヴァルト・エネルギー協同組合が地域運営に果たす役割——ドイツにおけるエネルギー協同組合の新たな方向性」『農林金融』第71巻第10号を参照のこと。

第7章

欧州の協同組合銀行
—農業融資への取組みを中心に—

重頭 ユカリ

はじめに

　2018年は、農村信用組合の父と呼ばれるフリードリヒ・ヴィルヘルム・ライファイゼンの生誕200周年にあたった。一般の銀行から借入ができなかった農業者らが設立した農村信用組合は、ドイツから欧州各国、そして世界中に広がった。現在、欧州の主要国のほとんどには、一つ以上の協同組合銀行が存在している。協同組合銀行は、平均すると各国で約

図表1　協同組合銀行のマーケットシェア（2016年末）

国	名前	預金シェア	貸出金シェア
ドイツ	協同組合銀行	21.4%	21.1%
フランス	クレディ・アグリコル	24.4%	21.4%
	クレディ・ミュチュエル	15.5%	17.1%
	BPCE	21.5%	20.7%
イタリア	BCC	7.7%	7.2%
オランダ	ラボバンク	34.0%	N.A.
オーストリア	ライファイゼンバンク	30.2%	28.6%
	フォルクスバンク	3.5%	4.3%
フィンランド	OP-ポヒョラ・グループ	38.5%	35.4%
日本（2016年3月末）	信用組合	1.8%	1.9%
	信用金庫	12.4%	12.3%
	農協	8.9%	4.1%
	漁協	0.1%	0.0%
	労働金庫	1.7%	2.2%

資料　欧州は、EACBのウェブサイトに掲載のデータ。日本については、信用金庫、信用組合、労働金庫ウェブサイト、農協残高試算表、漁協残高試算表、日本銀行「民間金融機関の資産・負債等」、ゆうちょ銀行「貸借対照表」をもとに筆者推計。

2割のシェアを占めると言われており、日本における協同組織金融機関のシェアとほぼ同水準である（図表１）。

本稿では、欧州のなかでも高いシェアをもつ、オランダ、フランス、ドイツの協同組合銀行を紹介する。この３か国は農業が盛んな国でもあるので、協同組合銀行が農業融資にどのように取り組んでいるのかについても取り上げたい。

日本では、農協や信用金庫、信用組合等を「協同組織金融機関」と総称することが多いが、欧州では「Cooperative Bank（協同組合銀行）」と呼ぶのが一般的なので、ここでもそれにならう。

欧州の協同組合銀行と日本の協同組織金融機関には、以下のような違いがあることに留意が必要である。

まず、欧州の協同組合銀行では、法律によって組合員資格を職業で制限せず、誰でも組合員になることができるのが一般的である。農業経営体については、協同組合銀行の組合員になっていることが多いようだが、必ずしも全員が組合員になっているわけではない。非組合員の事業利用量についての制限はなく、組合員になってもならなくても商品やサービスを利用することができる。さらに、ドイツの一部を除けば、欧州の協同組合銀行は金融専業である。

１．オランダの協同組合銀行ラボバンク

(1) 概要

オランダのラボバンクは、もともとローカルバンク（単協）と全国機関ラボバンク・ネーダーランドの２段階制をとっていた。しかし、2016年１月１日にすべてのローカルバンクとラボバンク・ネーダーランドが合併し、一つの大きな協同組合となった。とはいえ、地域での業務運営は依然として旧ローカルバンク単位で行い、本店は全国機関が行っていた機能を担っている。ラボバンク内では従来の呼称を使うことが多いようなので、以下でもローカルバンク、全国機関と呼ぶこととする。

2017年末時点で、ローカルバンク数は102あり、191万６千人の組合員

はそれぞれのローカルバンク単位で自分たちの代表者を選出したりしている。

オランダでは銀行の統合が進んでおり、ラボバンク、ABNアムロ、INGの３行で預金シェア約８割を占めるが、とくにラボバンクは一番高い割合（2016年末は34％）を占めている。ラボバンクは、預金・貸出金といった銀行サービスだけでなく、子会社の保険や投資信託等も含め、総合的な金融サービスを提供している。また、オランダ国外にも積極的に進出しているが、国外では、ラボバンクが強みを持つ農業・食料分野に特化している。国外向けの業務は、全国機関とグループの子会社が連携しながら行っている。

オランダのもう一つの特徴は、欧州のなかでもインターネットバンキングの利用が進んでいることである。EU加盟国のなかで、2017年に、インターネットバンキングを利用した人の割合がもっとも高かったのはデンマーク（90％）であったが、オランダはそれに次ぐ89％であり、EU平均の51％や、本稿で対象にしているフランス（62％）、ドイツ（56％）に比べても高い水準である（図表２）。

ラボバンクでも、新規顧客の半数以上が、インターネットを通じて口座を開設していること等を受け、インターネットバンキング等のデジタルチャネルの拡充に注力している。一方で、店舗の削減を進めており、店舗数は2007年の1,159から2017年には446となった。

図表２　インターネットバンキングの利用率（2017年）

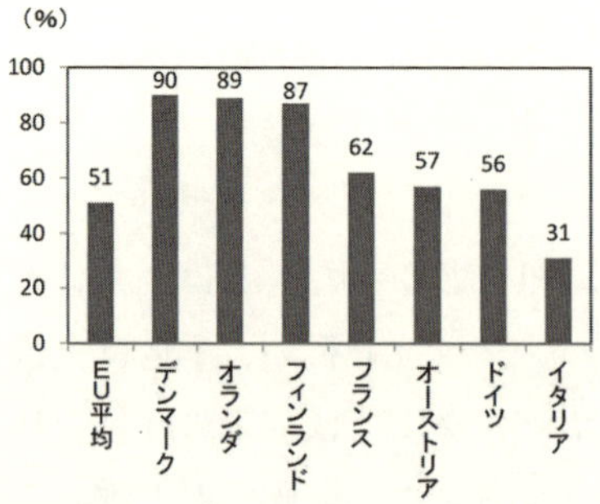

資料　Eurostat Individuals - internet activities
注　17〜74歳でインターネットバンキングを利用した人の割合。

第7章　欧州の協同組合銀行

(2) 融資残高の内訳

　2017年12月末のラボバンク・グループの国内外合計の民間セクター向けの融資残高（リースを含む）は、4,110億ユーロであった。その内訳をみると、オランダ国内の住宅ローンが1,930億ユーロ、47.0％ともっとも大きい割合を占めている（図表3）。農業関連の融資残高についてみてみると、国内の農業・食品は270億ユーロ（6.6％）、国外の農業・農村は370億ユーロ（9.0％）であり、国外の残高の方が多いことが分かる。

　ラボバンクは、オランダ国内の農業・食品向けの融資で86％のシェアを持っているが、国の規模が小さいこともあり、農業経営体数は5.6万（2016年）と、フランス47.2万（2013年）、ドイツの27.5万（2016年）に比べてもかなり少ない。国内の農業・食品向け融資のマーケットがそれほど大きくないこともあり、ラボバンクは積極的に国外進出を行っていると考えられる。

　オランダ国内に限定すると、国内リテール向け融資残高2,800億ユーロのうち、農業・食品向けの融資残高は9.6％を占める。

(3) 農業融資への取組み

　前述のとおり、ラボバンクはオランダ国内の農業・食品向け融資において圧倒的なシェアを持っているが、農業経営体数の減少等を受け、融資体制の効率化を図っている。

図表3　ラボバンク・グループの民間セクター向けの融資残高の内訳（2017年末）

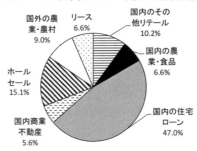

資料　Rabobank 'Investor Presentation FY2017 results'
注　国外の農業・農村の元の用語は Rural and Retail だが、アニュアルレポートに対象は leading farmers and their communities との記載があるため農業・農村とした。

83

ラボバンクでは、2016年１月にローカルバンクと全国機関が合併する以前から、効率化のために近隣の複数のローカルバンクが集まり、バックオフィス業務、コールセンター業務等を集約する動きが進んでいた。

　同様の動きは農業融資においても進んでおり、複数のローカルバンクから職員を出して合同の農業融資専門部署を組成したり、近隣のローカルバンクに農業経営体との取引を移管したりしている。現在では、単独で農業融資に対応する部署を設置しているのは、ローカルバンクの半数程度である。

　また、ローカルバンクによって事情は異なるとみられるが、筆者が訪問した二つのローカルバンクでは、農業経営体からの融資の申込みは、インターネットや電話経由で受け付けるのが一般的とのことであった。ラボバンク全体でも、法人顧客の８割がインターネットバンキングを活用しており、農業経営体もインターネットで融資を申し込むことに慣れているとみられる。ただし、大規模な農業経営体や農業・食品関連企業は、借入金額が大きくなるため、対面での申込みが多いとのことであった。

　インターネットで融資の申込みをする場合、ウェブサイトの申請欄をクリックすると、借入希望額、借入目的、経営開始からの年数、農地の保有状況、事業報告書の有無、報告書の作成頻度、法人形態、営農地域、昨年の税引前利益と今期予測される税引前利益、現在の借入金の返済額、法人の資本金や総資産、担保になりうるもの（不動産、動産、保証人）等について質問されるので、申込者は回答をインプットする。回答状況に応じて、借入をした場合の返済可能性が３段階（低い、平均的、高い）で提示され、ローン以外にもリースやクラウドファンディングという選択肢があること、担保不足の場合には、オランダ企業局の保証を受けられる可能性があること等が示される。これらを踏まえて申込者が借入を申し込むことを決定すると、ローカルバンクの担当者は審査を開始する。

　オランダでは、ほとんどの農業経営体は会計士を利用して事業報告書を作成しているので、インターネット上で求められるデータの入力はむずかしくないようである。一方のラボバンクには、農業経営体を含めす

84

第7章　欧州の協同組合銀行

べての取引先を網羅する、全ローカルバンクと全国機関で共通の顧客データベースがある。

ローカルバンクでは、グループ共通の顧客データベースから借入を希望する農業経営体のデータを取得し、そのデータを農業・食品部門の顧客専用の別の分析システムにインプットする。この分析システムもグループ共通のもので、経営体の耕地面積や過去の農産物販売価格、販売高などから将来の経営予測を行うことができ、販売高減少等のリスクシナリオの結果についても見ることができる。全国機関が農作物ごとに注目すべき指標の基準値を示しており、ローカルバンクではそれらも参考に審査を行う。

グループ共通のデータベースの構築や、インターネットによる申込みの受付、融資担当部署の集約は、ローカルバンクの農業融資の効率性向上に寄与していると考えられる。とはいえ、話を聞いたローカルバンクの農業融資専任担当者は、審査にあたり、借入を申請している経営者の意気込みやキャッシュフローを面談で把握することが重要だと話していた。筆者は、ローカルバンクの職員が農業経営者を訪問するのに同行する機会を得たが、日本と同様に、職員と農業経営者が親しい関係を築いていることがうかがわれ、対面での日頃のコミュニケーションも大事にしている様子が感じられた。

2．フランスの協同組合銀行クレディ・アグリコル

(1) クレディ・アグリコル・グループの概況

図表1でみたとおり、フランスには、クレディ・アグリコル・グループ、BPCEグループ、クレディ・ミチュエル・グループの三つの協同組合銀行グループがある。The Banker誌の2017年7月号によれば、2016年データに基づく世界の銀行の総資産ランキングにおいて、クレディ・アグリコル・グループは11位、BPCEグループは19位に入るなど、フランスの協同組合銀行は世界的に見ても規模が大きい。これら三つのうち、ここでは農業者を主な組合員として発展してきたクレディ・アグリコル・

グループをとりあげる。

　クレディ・アグリコル・グループは、組織としては３段階制だが、業務面では２段階制である（図表４）。2017年末の時点で、全国に2,447ある地区金庫は、組合員の出資の受入れや理事の選出母体として機能しているが、銀行業務を行う単位ではなく、業務は上部団体である39の地方金庫が行う。2017年末の組合員数は970万人である。

　地方金庫は銀行業務を行う単位であり、地域のニーズに応じて新しい金融商品やサービスの開発も行う。全国機関クレディ・アグリコル株式会社（Crédit Agricole S. A. 以下「CASA」という）に対しては、地方金庫が100％出資するボエシー通り持株会社が地方金庫をとりまとめて出資している。

　CASAは2001年に株式の一部を上場したが、株式の過半はグループ内で保有することとされ、2017年末時点でボエシー通り持株会社の出資比率は56.6％であった。CASAは、持株会社として数多くの子会社を有している。

(2) **融資残高の内訳**

　クレディ・アグリコル・グループにおいて、個人や農業経営体、地域の企業等に融資を行うのは地方金庫である。CASAは持株会社であるため直接顧客を持つことはなく、大企業等には、CASAの子会社が対

図表４　クレディ・アグリコル・グループの構成（2017年12月末）

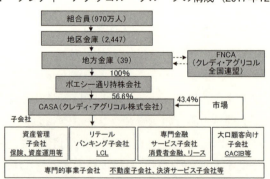

資料　Crédit Agricole Group 'Financial Statements 2017'

応している。

　2017年末の地方金庫合計の融資残高4,567億ユーロのうち、もっとも大きい割合を占めるのは住宅ローンの60.3％であり、企業・事業者20.1％、農業8.3％と続く（図表5）。農業向けの残高は安定的に増加しているが、構成比は徐々に低下している。なお、農業融資の残高には、農家が行う再生可能エネルギーの設備投資への融資額も含まれているようであり、近年はそうした融資額が増加傾向にある。

　フランスの農業経営体の84％は、事業目的でクレディ・アグリコルの地方金庫を利用し、76％が家計の管理用に利用しているとされる。農業経営体の利用状況からは、フランス国内の農業融資におけるクレディ・アグリコルのシェアは相当に高いと考えられるが、先にみたとおり、地方金庫の融資残高全体に占める農業融資の割合はそれほど高くない。フランスの農業産出額はEUでもっとも多いが、粗付加価値額（産出高から中間消費を差し引いたもの）に占める農林水産業の割合は1.5％に過ぎず、経済活動における農業の比重が小さいことがその要因であると考えられる。

(3) 農業融資への取組み

　先に述べたとおり、欧州の協同組合銀行のほとんどは金融業専業であ

図表5　クレディ・アグリコル地方金庫の融資残高の内訳（2017年末）

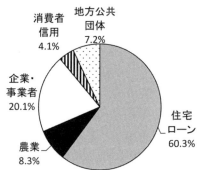

資料　Crédit Agricole Group 'Financial Statements 2017'

り、農産物の販売や資材等の購入を事業として行う農協は別に存在している。フランスでは、農協を利用する農業経営体は、農協とクレディ・アグリコルの両方の組合員になり、農協からの資材等の購入に資金借入が必要な場合は、クレディ・アグリコルの地方金庫に借入を申し込むのが一般的だと考えられる。

　これに対して、近年、クレディ・アグリコルの地方金庫と農協が提携して融資を行う「agil'@ppro」というサービスが始まった。これは、各地方金庫が提携している農協で資材等を購入する際、組合員が借入を必要とすれば、農協のタブレット端末から地方金庫に借入の申込みができるというものである。わざわざ地方金庫の窓口に行く手間を省いて、借入を申し込むことができる。まだすべての地方金庫で提供しているわけではないが、全国で統一の仕組みを作り、提供が進んできている。

　また、多くの地方金庫では「Crédit Agilor」という融資商品を提供している。これは数年前にある地方金庫が開発し、徐々に他の地方金庫にも広がった商品で、地方金庫と提携する農機会社から農機を購入する場合、購入金額の100％まで融資を行うというものである。融資のほかにリースを選択することもでき、申込みは地方金庫でも農機会社の販売担当者経由でも行え、審査結果は48時間以内に伝えられる。借入者が死亡、または事故や病気などのアクシデントにあった場合、10万ユーロまでは保険でカバーされる仕組みとなっている。

　このように地方金庫では、農業経営体の利便性を高めるための商品やサービスを提供してはいるが、通常の場合、農業融資だけ特別に金利を引き下げたり利子助成を行ったりすることはないようである。しかし、天災等の緊急事態が発生した場合には、低利で融資を行うことはある。

　また、フランスでも農業者の高齢化が進展しているため、若い世代の農業への新規参入や継承を促進するような施策が講じられている。クレディ・アグリコルにおいても、地域の青年農業者団体と地方金庫の間で協定を締結しているケースが多い。筆者が話を聞いた地方金庫でも協定を締結しており、青年農業者に短期貸付金利の引下げや、預金金利の上乗せ、保険商品の優遇、手数料の引下げ、さらに、青年農業者が外部機

関から研修を受ける際の助成等を行っている。管内で新規に就農する青年農業者が借入を必要とする場合、そのほとんどに対応しているとのことであった。

4．ドイツの協同組合銀行

(1) ドイツ協同組合銀行グループの概況

ドイツの協同組合銀行グループは、農業者を主な基盤としていたライファイゼンバンク系統と、中小企業主を主な基盤としていたフォルクスバンク系統が、1971年の統合契約により一つのグループにまとまった。

当初は、ローカルバンク、地方レベルの中央銀行、全国機関の3段階制をとっていたが、地方中央銀行同士、または地方中央銀行と全国機関の間で合併が進み、2016年にローカルバンクと全国機関の2段階となった。

ローカルバンクでも合併が進展しており、2007年末の1,232組合から2017年末には915組合に減少している。2017年末の組合員数は1,851万5千人である。（図表6）

農業者を主な基盤としていたライファイゼンバンクでは、組合員の農産物販売や資材購入等の経済事業と金融事業を兼営するのが一般的だっ

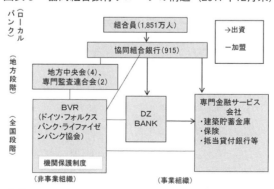

図表6　協同組合銀行グループの構造（2017年12月末）

資料　BVR

たが、徐々に事業分離が進み、2017年末には915組合のうち、兼営組合
は98組合（10.7％）となった。兼営組合の経済事業の規模は、金融事業
を行わない専門農協よりも小さいことが多い。

⑵　融資残高の内訳

　ドイツ連邦銀行のデータにより、協同組合銀行（ローカルバンク分のみ）
の国内企業・家計向け融資残高の内訳（図表7）をみると、住宅ローン
が55.7％を占めた。一方、国内企業・自営業者向けのなかでは、住宅建設、
不動産、健康などを含むサービス部門が25.6％を占める。農業・狩猟・
林業・漁業の（以下「農業等」という）割合は4.4％であった。

　農業等向けの融資残高は、2009年の終わりごろから急速に拡大したが、
その背景には、農業経営体による再生可能エネルギーの設備投資に対す
る融資が増加したことがあるようである。

　2017年12月末時点のドイツ国内の農業等向け融資残高における協同組
合銀行のシェアは48.0％で、そのほかは、貯蓄銀行22.5％、商業銀行20.5
％、その他の銀行8.9％であった。

⑶　兼営事業のなかでの農業融資への取組み

　ドイツでは、北西部のニーダーザクセン州で経済事業を兼営するロー
カルバンクの農業融資の取組みについて話を聞くことができた。

図表7　協同組合銀行の融資残高の内訳

	（100万ユーロ、％）	
	残高	構成比
国内企業・家計向け融資残高	546,018	100.0
うち住宅ローン	304,233	55.7
うち国内企業・自営業者向け	254,238	46.6
製造業	19,633	3.6
電気・ガス・水道等	14,528	2.7
建設業	16,905	3.1
卸売業・小売業	25,514	4.7
農業・狩猟・林業・漁業	24,091	4.4
交通・倉庫・通信	5,026	0.9
金融機関	8,533	1.6
サービス部門	140,008	25.6

資料　Deutsche Bundesbank 'Banking statistics July 2018'
注　DZ バンクは含まない。国内企業・自営業者向けの中にも住宅ローンが含まれるが、残高はわず
　　かである。

第7章　欧州の協同組合銀行

このローカルバンクの基盤となる最初の組合は1917年に設立され、その後100年間に経済事業部門についても金融事業部門についても、数多くの合併をしてきた。経済事業は、「農業」「エネルギー」「購買」「農機」の4部門で構成され、農業部門では、穀物・油糧種子・ばれいしょを主に扱っている。

このローカルバンクには金融店舗が19あるが、農業融資の担当者は地域の拠点となる三つの店舗に配置されている。話を聞いた農業融資専任担当者は、1年間に100件程度の農業融資に携わっているとのことであった。この担当者は、両親が農業に従事していることもあり、もともと農業についての知識を持っていたとのことだが、協同組合の研修機関で土壌検査や肥料など農業に関する知識を学ぶ講座の修了書も取得している。担当する地区内の農業者の顔は、全員知っているとのことであり、地域に密着した協同組合らしさが実感された。

同ローカルバンクは、兼営のメリットとして、農業経営体がローカルバンクから農機を購入する際に併せて融資を行うことができたり、農業経営体の借入金の返済には農産物の販売代金があてられるが、農産物の出荷先もこのローカルバンクなので販売状況を容易に把握したりできることを挙げた。

一方で、兼営組合ならではの業務の煩雑さがあることも指摘された。具体例としては、金融事業においては利益相反の観点から融資部門と審査部門を分離し、同一の担当者が両業務を行うことができない。これと同様のことが経済事業にも適用され、農機の販売に際して、販売担当者は販売だけに関わり、契約は他の部署で行うよう業務を分離しなければならない。経済事業だけを行うのであれば、そのような業務の分離は必要ではない。しかしこうした点について、ローカルバンクでは、むずかしさはあるもののリスク管理を徹底できると、前向きに捉えていた。

さらに、農業部門の渉外担当職員からも話を聞くことができた。渉外担当者の拠点は3か所あり、話を聞いた拠点管内の農業経営体のほとんどは、ローカルバンクの農業部門を利用している。地域内には競合先となる企業が2社あるほか、専門農協も存在しており、農業経営体のなか

91

には、このローカルバンクと専門農協の両方の組合員になっている人もいる。渉外担当者によれば、農業経営体には金融事業のみ経済事業のみでも利用してもらえればよいと考えているが、経営が大規模化するとより大きな投資が必要になり、ローカルバンクとの関係性が深まる傾向があるとのことであった。

5．まとめ

ここまで、オランダ、フランス、ドイツの3か国の協同組合銀行の概要とそれぞれの農業融資に対する取組みを紹介してきたが、以下ではいくつかの特徴を挙げ、本稿のまとめとしたい。

冒頭で、これら3か国において、それぞれの協同組合銀行は国内の預金や貸出金において比較的高いシェアを持っていることを示したが、個別に紹介したとおり農業融資においてはより高いシェアを占めている。

農業融資残高に含まれる中身は各行で異なるが、口頭で確認した限りでは、農業経営体による再生可能エネルギーの設備投資向けへの融資を含み、近年そうした融資残高が増加傾向にあったそうである。各国で再生可能エネルギーを振興する政策がとられたこともあり、農業経営体が収入源確保のため、農業生産以外にも投資を行う傾向があったと考えられる。

またいずれの協同組合銀行も、国内の農業融資において高いシェアを占めているにもかかわらず、それぞれの銀行の融資残高全体に占める農業融資の割合は1割を切っている。これは、各国の経済において農業の占める比重が低いことが主な要因と考えられる。むしろ、粗付加価値額に占める農林水産業の割合がオランダで1.8％、フランス1.5％、ドイツ0.6％であることを考えると、各行の融資残高全体に占める農業融資の割合は、相対的に高いとみることができよう。

農業経営体数が年々減少するという状況は各国とも共通している。そうしたなかで、オランダのラボバンクでは業務の集約化を進めるとともに、国内で普及しているインターネットバンキングを活用して融資の受

付を効率化している。他方ドイツでは、全体としてみれば兼営組合の比率は低下傾向であるものの、経済力の弱い農村部では金融事業と経済事業との兼営により農業融資を効率的に行うことができるとみる兼営組合もある。また、フランスのクレディ・アグリコルでは、若い世代への農業の継承や新規参入を促進するため、地域の青年農業者団体と地方金庫の間で協定を締結し、青年農業者に有利な商品を提供する等の取組みを行っている。

　いずれの協同組合銀行も、現在では、個人向けの住宅ローンや中小企業向け貸出など、農業のみならず幅広い対象向けの金融機関として地域内で大きな存在感を持っている。しかし、やはり農業を基盤として発展してきたという経緯から、農業者とのつながりは特別に深いことが感じられた。とくに農業融資の担当者に話を聞くと、地域の農業生産について熟知し、農業者の動向をつぶさに把握していることがわかる。ライファイゼンの時代から農業や金融を取り巻く環境が大きく変化しても、これらの協同組合銀行は、農業を中心に地域に密着した金融機関として重要な役割を果たし続けていると考えられる。　　　　（2018年11月号掲載）

〈参考文献〉
斉藤由理子、明田作、内田多喜生、小田志保、重頭ユカリ『フランス、ドイツ、オランダの農業協同組合、協同組合銀行の制度と実情』総研レポート、2018年7月
重頭ユカリ「欧州の協同組合銀行における農業融資への取組み―フランス、オランダ、ドイツのケース―」農林金融2018年6月

JA信用事業

第8章
JA信用事業の渉外活動における諸課題
―総合事業体としての特徴を活かした事業推進―

藤田 研二郎

はじめに

　今日、総合事業体としてのJAの特徴を活かした事業推進のあり方が、改めて注目されている。本稿では、とくに信用事業における渉外活動に着目し、総合事業体としての事業推進のあり方を検討したい。以下では、総合事業の特徴を活かすにあたって想定される課題を、組織・情報それぞれの側面から整理したうえで、その課題に応えるJAの取組みについて、アンケート調査の結果と二つのJAの事例にもとづき考察していく。

1．総合事業体としての意義と課題

(1) 今日的背景と意義
　営農・経済、生活、信用、共済等、多様な事業を総合的に運営するJAの特徴とその意義は、今日しばしば再確認されている。とりわけJAグループの自己改革との関連では、地方の人口減少や農業者の高齢化等の厳しい状況のなかで、地域の生活インフラ機能の一翼を担い、豊かでくらしやすい地域社会の実現に貢献するにあたって、総合事業体としてのJAの役割がさらに重要となっていくと考えられる。

ここで、JA の総合事業は、個別事業の採算を過度に意識せず、むしろ事業間で相互に補完し合うことで、総体としての安定的な事業運営を可能にするものと捉えられる。これは、経済学において「範囲の経済」や「シナジー効果」と呼ばれるものである。たとえば信用・共済のように、関連性の高い事業同士では、それぞれの事業間での連携によって、より多様なサービスを提供できるだけでなく、業務の効率化についても期待することができる。

　また、地域住民のニーズをいかに実現するかという観点からも、JA の総合事業は、重要なポテンシャルをもつ。というのも、住民はそれぞれのライフスタイルにもとづき、多様なニーズを有しており、それは必ずしも単一の事業のみによって対応できるものではない。すなわち、総合事業を営むことで、住民の多様なニーズにも適切に応えることができると想定される。

　加えて、こうした組合員・利用者の視点に立った事業運営のための取組みは、顧客満足度（CS）の改善が多くの金融機関で課題となるなか、今後 JA の信用事業の展開においても、ますます重要になっていくと考えられる。

⑵　事業間連携にかかる課題

　このように、総合事業としての JA の運営は、事業間での相互補完・効率化、地域住民の多様なニーズへの対応といったポテンシャルを有している。

　歴史的に、日本の多くの JA は、多様な事業を総合的に運営する存在であり続けてきた。一方で、総合事業体としてのポテンシャルは、何も多様な事業を総合的に運営すれば自ずと発揮される、というわけではない。その可能性を十分発揮するためには、事業間での連携のあり方がキーとなる。今日、総合事業体としての JA のあり方が改めて注目されている状況では、単に総合的な事業運営に意義があるというだけではなく、それら総合事業のなかでの有機的な事業間連携のあり方についても検討していく必要があるだろう。

98

第8章　JA信用事業の渉外活動における諸課題

本稿では、この事業間連携にかかる課題として、次の二つに着目したい。

第1に、JAの組織体制をめぐる課題である。日本の総合JAは、総合事業を営んでいるとはいえ、それぞれの部署、職員の配置といった点では、当然のことながら事業別に組織されている。また、県域・全国レベルの連合会も、たとえば信用事業では信連、農林中金、共済事業ではJA共済連といったように、事業別に構成されている。そのため、各事業連の方針をJAの現場レベルで実行するにあたっては、事業ごとの目標設定が基本となる。それら個別の目標達成を図りつつ、組合員・利用者の多様なニーズに効率的に応えていくためには、現場のJAにおいて各事業を調整し、実行する組織体制をいかに構築するかが重要となる。

第2に、多様なニーズに対応するためには、まず出発点として、組合員・利用者の情報を総合的に把握し、職員間で共有しておく必要がある。しかし、県域・全国レベルでの連合会の違いを反映して、現状取引結果をはじめ組合員・利用者のデータは、それぞれの事業ごとに収集・蓄積されており、事業間を横断する情報データベースを構築しているJAは、非常に少ないとみられる。

こうした状況の背景には、従来JAの運営が組合員との顔の見える関係のなかで行われており、顧客情報の収集・蓄積やそれにもとづくマーケティングといった手法を、必ずしも必要としてこなかったという側面がある。一方で、このようなJAの情報環境をめぐる状況は、事業間連携において一つの課題となる。とくに信用事業の観点から、総合事業体としての事業推進を行うにあたっては、共済をはじめ他事業も含む総合的な情報把握・共有体制を、いかに構築するかに関して考慮しなければならない。

(3)　渉外活動という強み

以上の組織・情報という二つの課題を検討するにあたって、本稿ではJAの渉外活動に着目する。図表1は、金融機関一般の利用者とJA利用者を対象としたアンケート調査の結果である。

このうち、「JA」を預金や貯蓄の残高のもっとも多い金融機関としている回答者では、よい点として「外交員が来てくれる」を挙げる割合が、全体と比べて大きく高い。なお、ここでの「外交員」はJAにおける「渉外担当者」に相当する。同様に、振り込みや引き落とし等の決済でもっとも利用している機関として「JA」を挙げる回答者でも、外交員を理由とする回答割合が、全体よりも高くなっている。このことから、渉外活動はJAの信用事業推進において、大きな強みとなっていることがわかる。

　以下では、この渉外活動において、前述の事業間連携にかかる課題に応えるJAの取組みを検討する。ここでは、その組織体制として「複合渉外」を、また情報把握・共有体制として「総合情報システム」を取り上げる。

2．組織体制としての複合渉外

(1) 複合渉外の導入状況

　渉外体制については、それぞれのJAが位置する地域社会の特性、組合員・利用者の状況に応じて、さまざまなあり方がありうる。総合事業体としての特徴を活かすにあたっても、たとえば信用・共済それぞれの専任渉外間で密接に連携する、また渉外担当者を置かずとも、一斉推進

図表1　「外交員が来てくれる」を他の金融機関よりよい点とする回答割合

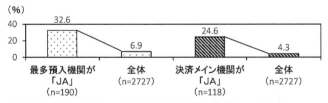

資料　農林中金総合研究所「2017年　農協利用者版金融行動調査」
　　　日経リサーチ「金融総合定点調査　金融RADAR2017」
注　「金融RADAR2017」は、2017年10〜11月に首都圏の金融機関一般の利用者を対象に実施。「農協利用者版金融行動調査」は、そこに含まれるJA利用者に首都圏以外のJA利用者を追加し、2017年10〜11月に実施。上記のデータは、両調査結果を合算したものである。なお、ここでの「外交員」はJAにおける「渉外担当者」に相当する。

第8章　JA信用事業の渉外活動における諸課題

によって複合的な事業推進を行う、といった多様な方法が想定される。

本稿では、渉外体制のあり方のなかでも「複合渉外」に着目する。というのも、農林中金総合研究所の調べによれば、この複合渉外を導入しているJAが過半を占め、総合事業の特徴を活かした体制の一つと考えられるためである。なお、本稿での「複合渉外」とは、渉外活動を行うJAの担当者のうち、主に信用・共済両事業の渉外を兼務する者のことを指す。

複合渉外の導入状況について、図表2は全国のJAを対象に実施したアンケート調査の結果である。そのなかでは、回答のあった316組合のうち、半数以上のJAで複合渉外が導入されている。なお、この複合渉外には、信用・共済に加えて経済事業の渉外を兼ねる「総合渉外」も含んでいる。

また、「複合渉外あり」（総合渉外を含む）と回答したJAに対して、そのメリットをたずねた設問の回答結果を示したのが、図表3である。

このうち、9割以上のJAが「信用・共済相互の情報を活用して事業

図表2　JAにおける信用渉外体制の構成（n=316）

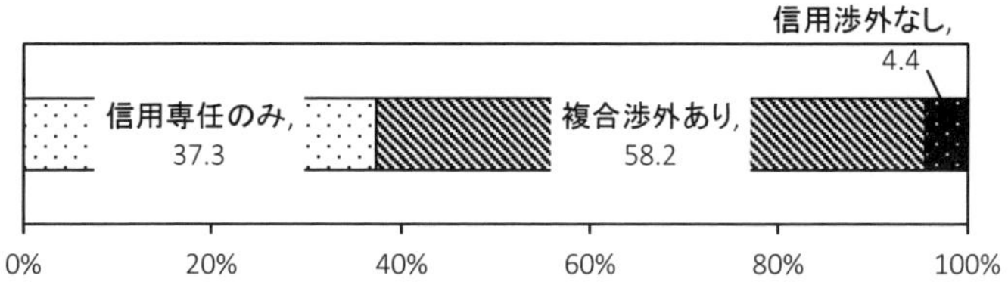

資料　農林中金総合研究所「平成30年度第1回農協信用事業動向調査」
注　2018年6月に、全国のＪＡから抽出した333組合を対象に実施。

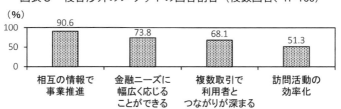

図表3　複合渉外のメリットの回答割合（複数回答、n=160）

資料　農林中金総合研究所「平成30年度第1回農協信用事業動向調査」
注　回答割合が50％を超えるのものを掲載。

推進ができる」と回答しており、また「利用者の金融ニーズに幅広く応じることができる」、「複数の取引で利用者とつながりが深まる」、「担当者の訪問活動を効率化できる」についても、半数以上のJAがあてはまると回答している。とくに事業間連携による情報共有、組合員・利用者の多様なニーズへの対応、業務効率化にあたって、複合渉外は効果的な組織体制の一つであるとみられる。

(2) 複合渉外の事例

　複合渉外の導入事例として、JA松本ハイランドの取組みが挙げられる。

　長野県松本市をはじめ2市5村にまたがる地域を管内とする同JAでは、1997年4月から信用・共済両事業を兼務する複合渉外が導入されている。

　複合渉外の導入以前、同JAでは、信用と共済の渉外担当者が別々に訪問活動を行っていた。そのなかでは、それぞれの担当者が同日に同じ組合員を訪問するケースもあり、あまり効率的とはいえない状況があったという。また同じ担当者に信用・共済双方のことを相談できた方が、組合員にとって利便性が高まるという声も上がっていた。加えて共済事業でも、渉外担当者としての専門性を高める必要があったとされる。これらを理由として、同JAでは1997年4月から複合渉外が導入されるにいたった。

　2018年8月現在では、管内の19支所に1支所あたり2〜6名、計63名の複合渉外が配置されている。なお支所レベルでは、金融共済課として信用・共済が一体となった事業運営がなされている。複合渉外の主な業務内容は、貯金・共済の訪問集金と、信用・共済全般の推進活動である。他の金融・共済事業担当者との役割分担も明確化されており、たとえば融資においては、渉外担当者の役割は案件に関する情報を収集するのみで、起案等は行わない。それ以降の事務手続きは、融資担当者に引き継ぐという分担となっている。

　目標設定・進捗管理について、まず複合渉外は11のグループに編成されており、それぞれのグループ長がもっとも現場に近いレベルでの目標管理を行っている。また同JAでは、本所の金融部・共済部双方にまた

がる形で、企画推進課が設置されている。同課は、複合渉外の導入に合わせて創設されたもので、複合渉外の活動に関してJA全体としての目標設定や進捗管理、それにかかる事業間の調整を担っている。

具体的には、定期貯金や公的年金受取の獲得、各種共済の加入等について、信用・共済双方の事業推進のバランスをとりながら、年度ごとの渉外推進スケジュールが作成される。そして、それにもとづき、各月末に渉外担当者のグループ長を招集した会合を行い、次月の目標の修正等の進捗管理がなされている。

JA松本ハイランドでは、複合渉外の果たす役割が大きく、たとえば小口ローンの契約の大部分は渉外担当者の情報取集によるものであるとされる。また、自動車共済からマイカーローン、建物更生共済からリフォームローンにつなげるといった、信用・共済が連携した金融サービスの提供も行われている。

複合渉外は、組合員にとっても、金融事業全般について何でも相談できるというメリットがある。これは、組合員−渉外担当者間の関係強化につながるだけでなく、さらに渉外担当者が広報誌に掲載されていた経済事業の商品の注文を受け、それが信用・共済以外の取引に結びつくという場合もあるという。

ここで複合渉外体制を有効に機能させるにあたっては、とりわけ事業間のバランスのとり方が重要であるとされる。JA松本ハイランドでは、企画推進課のような調整機関を本所に設置していることで、そうした事業間のバランスをある程度はかりつつ、複合渉外を効果的に機能させる体制が構築できているといえる。

3．情報把握・共有体制としての総合情報システム

(1) 総合情報システムの導入状況

本稿でいう「総合情報システム」とは、現状事業ごとに構築されているJAの情報データベースから、横断的に組合員・利用者の情報を取得、また管理できるようにするシステムのことである。こうしたシステムを

導入することで、総合事業体としての特徴を活かしたJAの事業推進、ひいては組合員・利用者の多様なニーズへの対応が可能となると想定される。

総合情報システムの導入は、まだJAにおいて先進的な位置づけにあるとみられる。図表4は、JAを対象にしたアンケート調査の結果のうち、信用事業推進にかかわる情報について、他事業の職員が得た情報をどのように把握・共有しているか、という設問に対する回答結果の上位3位である。

このなかで、もっとも回答割合の高いのは「日常的な職員間のコミュニケーション」で、「日誌や回覧板、ノート等」、「会議で口頭」がそれに次ぐ。すなわち、現状JAの情報把握・共有体制のほとんどは口頭で、一部紙媒体の記録がなされている程度である。一方で、総合情報システムを含む電子媒体での記録に関する回答割合は、1割に満たない。

(2) 総合情報システムの事例

こうした状況のなかで、早期から総合情報システムを導入し、事業推進に積極的に活用してきた草分け的な事例として、JA周南[※1]の取組みが挙げられる。

山口県下松市・光市・周南市全域を管内とする同JAでは、1990年代後半からJA内部における情報インフラの強化に取組み、2001年から総合情報システム「Triplet（トリプレット）」の稼働を開始している。

Tripletの主な機能は、事業ごとのデータベースから、同一個人の情報を紐づけ、取引結果等を一括で表示する「名寄せ」である。Triplet

図表4 信用事業以外からの情報共有の方法の上位3位（複数回答、n=315）

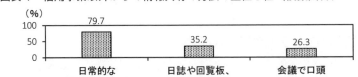

資料　農林中金総合研究所「平成30年度第1回農協信用事業動向調査」
注　回答選択肢の上位3位を掲載。

上では、県事業連が保有する信用・共済・経済各事業のデータベースから提供を受けた各種取引情報の他、同JAが独自に収集する女性部や食農活動の会員データ、イベントの参加データ等が集約されている。

なお、こうした組合員情報の集約において、Tripletの設計思想の一つとなっているのが、世帯単位での情報管理である。Tripletでは、事業利用情報を通じて同一世帯の構成員と識別された個人は、それらの世帯ごとにまとめて表示される仕組みになっている。こうした世帯管理によって、たとえば訪問時、住宅ローンの契約者は夫だが家にいるのは妻といった場合の円滑な対応や、結婚や出産・育児といった、組合員のライフイベントに即した情報の把握・共有が可能となっている。

また、これらの取引結果に関する情報ばかりでなく、取引にいたったプロセスを記録・共有するため、現在同JAでは、職員による渉外活動・窓口応対時の日誌の作成・集約に力を入れている。これは、渉外・窓口の各担当者、営農指導員、支所長等の管理者のそれぞれが、組合員にどのようにアプローチし、どのような情報を取得したかを、システム上で記録、世帯単位で一覧化することによって、成約にいたった経緯を「見える化」するというものである。このなかでは、たとえば窓口担当者が新たに契約にかかわる情報を得た場合、自身の日誌の入力に合わせて、渉外担当者にメッセージを送信するといった機能も実装されている。

これらの組合員情報を駆使して、渉外担当者は、事業推進のための訪問活動を行うことになる。Tripletでは、この渉外活動を支援するためのツールも開発されている。それは、さまざまな項目から検索条件を設定し、担当者自身がその戦略にもとづく推進リストを作成するためのツールや、既存の情報から判断された訪問活動を行うべき機会について、担当者にリマインドする期日管理ツールである。

また渉外活動の支援の他にも、組合員の情報は、支所ごとの目標設定・進捗管理における基礎データとして活用されている。たとえば「地域支持率」という指標では、個人におけるJAの事業の利用状況、クロスセルの深耕状況をランクによって集計しており、この地域支持率を伸展させることが、現在同JA全体の目標となっている。さらにマーケット分

析にも取り組んでおり、たとえば年齢別人口構成、平均貯金額といった統計から、当該エリアの貯金、年金給付、共済掛金等に関する総額を推計し、そのなかでのJAの取引シェアを算出した結果を支所ごとの目標設定に反映させている。

　以上のようなJA周南の情報把握・共有体制は、1997年本所に情報システム課が設置されて以降、段階的に構築されてきたものである。同課の職員は、各担当者の要望に合わせてシステム開発も行っており、こうした自前での開発体制によって、小回りの利いた対応が可能になっているといえる。

　信用事業推進におけるTripletの活用方法としては、まず取引情報からJAの利用がないサービス・商品について提案することが主になる。

　また、たとえば自動車共済の継続情報から、その利用者にはマイカーローンの推進活動を行うといったクロスセルの方法は、同JAにおいてほぼ定着しているとされる。その他にも、JAカードの推進について、直売所での購入額、年齢、貯金口座の保有等の条件からリストアップを行う、公的年金受取について、年齢等の情報から提案につなげるといった取組みがなされている。

　さらに、あらかじめTripletで組合員の取引情報を確認しておくことは、訪問活動一般において会話が弾むとともに、きめ細やかなサービスにつなげるという効果がある。

　一方で、継続的に組合員情報を活用していくにあたっては、一定の情報のメンテナンスが必要となる。というのも、組合員の生活が日々変化していくなかで、その情報も徐々に現状からズレていってしまうためである。具体的には、たとえば組合員の引っ越し等によって、取引継続のためのアプローチをかけられなくなってしまうといった場合がある。こうしたデータ整備は常に課題であるが、JA周南では情報システム課のサポートのもと、各事業データをそれぞれの基幹システム上で整備していく対応を行っている。

※1　2019年4月に合併し、現在はJA山口県になっている。

4. まとめに代えて

　本稿では、総合事業体としてのJAの特徴を活かした信用事業推進について、渉外活動における組織体制と情報把握・共有体制のあり方、具体的にはJAの複合渉外と総合情報システムに着目し、検討してきた。その検討から得られたことを次の2点に整理し、本稿のまとめに代えたい。

　第1に確認しておきたいのは、総合事業体としての特徴を活かす取組みは、組合員・利用者の多様なニーズの実現、ひいては組合員目線でのJAの事業運営につながるということである。

　たとえば、複合渉外に関するJA松本ハイランドの事例では、組合員からみたとき、同じ担当者に金融事業全般について何でも相談でき、組合員－渉外担当者間の関係強化につながるといったことがメリットとして挙がっていた。

　また、総合情報システムに関するJA周南の事例では、世帯管理を通じて組合員のライフイベントに即した情報が把握・共有できること、日誌の集約を通じて取引にいたった経緯の見える化、またそれら組合員の情報をあらかじめ確認しておくことで、CSの向上を図るといった効果が述べられていた。

　組合員・利用者が本来有する多様なニーズは、総合的な事業運営がなされていたとしても、ともすれば事業間の壁によって、十分に対応がなされないまま見過ごされてしまいがちなものである。一方で、両JAのような取組みは、そうした多様なニーズにも一定の対応が可能であり、さらにそれがJAの事業における新たな取引に結びついていくということを教えてくれる。

　総合事業体というあり方は、組合員・利用者とJA自身の双方に利点をもつポテンシャルを有している。

　第2に、総合事業体としての可能性を十分発揮するにあたっては、事業間の連携が不可欠になる。ここでは、とりわけJA内部において連携

の要を担う部署の役割が重要となるだろう。

　JA松本ハイランドの事例では、本所の金融部・共済部双方にまたがる形で設置された企画推進課が、複合渉外に関してJA全体としての目標設定や進捗管理を担っていた。とくに複合的な事業推進のなかでは、事業間のバランスのとり方が課題となるが、企画推進課がその調整を担うことによって、複合渉外体制を効果的に機能させることが可能になっていた。

　またJA周南の事例では、総合情報システムが事業間連携の要となっている。継続的な組合員情報の活用にあたっては、小回りの利いたシステムのメンテナンスやデータの整備が課題となるが、それらの役割は情報システム課で担われていた。

　総合事業体としてのポテンシャルは、JAが単に多様な事業を総合的に運営する存在であるからといって、そのまま発揮できるわけではない。その特徴を活かした事業推進を行うにあたっては、JA内部の体制づくりがキーとなる。

　有機的な事業間連携を促す取組みについて、今後も検討を深めていく必要がある。　　　　　　　　　　　　　　　　　　（2018年12月号掲載）

第9章

ローン利用者の行動に対応したJAの取組み
－住宅関連会社営業と職域ローンの事例－

宮田 夏希

はじめに

　金融機関が住宅ローンなどの家計の資金需要に対応していくには、資金需要の発生を見極めて適切に貸出を行うことが重要である。資金需要の発生をとらえるためには、窓口や渉外担当者による案内に加えて、借入れ意向のある人と接点を持つ工夫をする必要が生じている。
　本稿では、家計への貸出金をめぐる状況を整理したのち、ローン利用検討者との接点を拡大するためのJAの取組みとして、住宅関連会社営業の事例と職域ローンによる小口ローン推進の事例を紹介する。

1．家計への貸出金の動向

(1) 家計への貸出金は緩やかに増加

　まずは金融機関の家計への貸出金をめぐる状況について確認しよう。家計への貸出金の残高は2013年より緩やかに増加しており、2018年3月末時点で300兆円を突破している。300兆円を超えるのは2006年以来で、12年ぶりである。家計への貸出金残高の前年比増加率は上昇傾向で推移しており、2018年3月末は前年比2.5％増と高い伸び率となっている（図

表1）。これは、住宅ローンが堅調に増加していることに加えて、住宅ローン以外も高い伸び率を示したことによる。

(2) 住宅ローンは地銀を中心に増加

家計への貸出金は住宅ローンが中心であり、残高の7割近く（202.4兆円）を占めている。住宅ローン残高の前年比増加率の推移をみると、伸び率は上昇傾向にあり、残高は増勢を強めていることがわかる（図表2）。この増加分は民間金融機関によるもので、とくに国内銀行を中心に増加している。国内銀行の増加分は、ほとんどが地方銀行によるものである[※1]。民間金融機関の残高が増加する一方で、公的金融機関は毎年減少してい

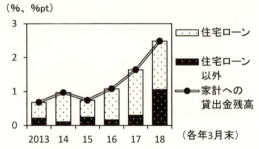

図表1　金融機関の家計への貸出金残高の前年比増加率の推移

資料　日本銀行「資金循環統計」
注　「家計」は、消費・生産活動を行う小集団を意味し、個人事業主などを含んでいる。

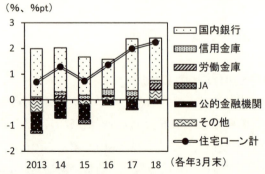

図表2　金融機関の住宅ローン残高の前年比増加率の推移

資料　日本銀行「貸出先別貸出金」、住宅金融支援機構
　　　「業態別の住宅ローン新規貸出額及び貸出残高の推移」、農林中金総合研究所「農協残高試算表」

第9章　ローン利用者の行動に対応した JA の取組み

る。

　2018年3月末の残高のシェアは、国内銀行が62.1%（125.6兆円）、公的金融機関が10.9%（22.2兆円）、信用金庫が8.1%（8.3兆円）、JA が5.5%（11.2兆円）、労働金庫が5.5%（11.1兆円）となっている。直近の5年間で、公的金融機関のシェアは2.8ポイント低下している。一方で、国内銀行のシェアは3.4ポイント上昇しており、住宅ローンにおけるシェアを高めている。

⑶　金融機関にとっての住宅ローンの位置付け

　各金融機関は、住宅ローンを個人リテールの重要な柱として位置付けている。それは、住宅ローンは残高が大きいことに加え、長期間にわたる顧客との接点となりうるからである。住宅金融支援機構の「民間住宅ローンの貸出動向調査」（2017年）によると、住宅ローンに今後積極的に取り組む理由として、7割以上の金融機関が「家計取引の向上」を選択している。各金融機関は、住宅ローンを契機として他の取引につなげようとしている。

　各金融機関はこれまで住宅ローンへの取組みを強めてきたが、その結果、金融機関同士の競争が激化し、金利の低下につながった。一時は大都市圏での貸出を増加させていた地方銀行が[2]、最近は「自らの営業基盤の維持・強化や採算性の確保の観点」から「地元回帰」に取り組んでおり[3]、地方での競争が激化しているものと思われる。

　このような競争激化による金利低下の結果、住宅ローンは利ざやが縮小傾向にある。そのため、住宅ローンから撤退し[4]、他の収益源の強化を図っている金融機関もある。そのようななかで、金融機関は住宅ローンに比べて相対的に金利水準が高い小口ローンの強化も図っている。

⑷　小口ローンは前年比増加が続く

　そこで、小口ローンの動向について見ていく。ここでの小口ローンとは、民間金融機関の家計への貸出金のうち住宅ローンと事業性貸付を除いたものを指し、具体的にはマイカーローンや教育ローン、カードロー

111

ンなどが含まれる。2018年3月末時点の小口ローンの残高は、国内銀行10.5兆円、信用金庫2.2兆円、JA0.9兆円である。

　国内銀行の小口ローン残高の前年比増加率の推移をみると（図表3）、2014年から2017年にかけて8～10%の高い前年比増加率を示している。内訳では、カードローンの増加が大きくなっている。これは、改正貸金業法の成立により貸金業者に総量規制が導入された一方で、銀行には総量規制が適用されなかったことが要因の一つとして知られている。直近で増加率が低下しているのは、過剰貸付への批判を受けて、銀行がカードローン貸付を自主規制していることが影響しているとみられる。このように、カードローンの増加が縮小する一方で、カードローン以外につ

図表3　国内銀行の小口ローンの前年比増加率の推移

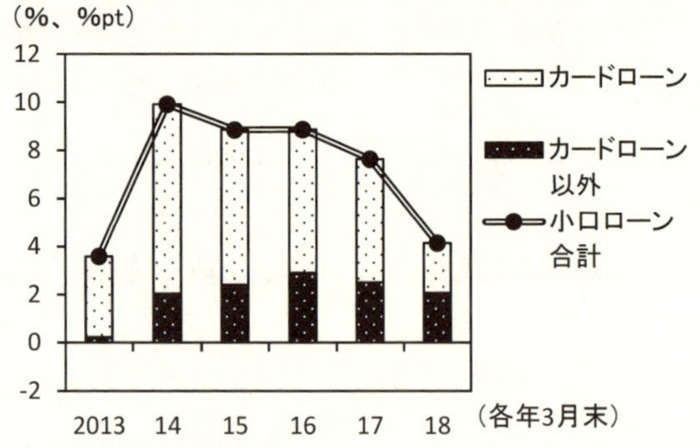

(%、%pt)

資料　日本銀行「貸出先別貸出金」

図表4　信用金庫の小口ローンの前年比増加率の推移

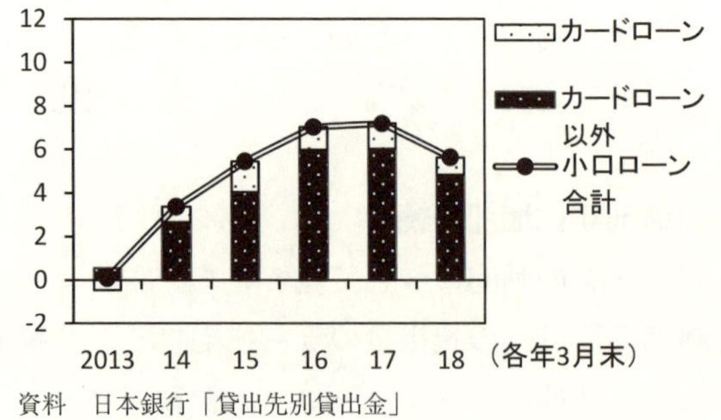

(%、%pt)

資料　日本銀行「貸出先別貸出金」

いては堅調な前年比増加が続いている。

　信用金庫は、前年比増加率が上昇傾向で推移しており（図表4）、2015年以降は5％以上と高い水準で推移している。内訳では、カードローン以外の残高の増加が大きくなっている。

　以上のように、国内銀行、信用金庫ともに小口ローン残高は伸びており、小口ローンの資金需要があることがうかがわれる。日経リサーチの調査[※5]によると、30～40代のうち3割近い人がマイカーローンを「利用している」または「利用する予定がある・必要があれば利用したい」と回答している。教育ローンについても同様の回答があり、家計に小口ローンの資金需要があることを裏付ける結果となっている。

(5)　ローン利用者の行動と金融機関の対応

　以上でみてきたように、住宅ローンと小口ローンが増加するなかで、ローンの利用者はどのように利用する金融機関を選択しているかについて検討したい。

　前述の日経リサーチの調査によると、住宅ローン利用者が新規借入れ先の金融機関を選んだ理由は、「不動産会社や建築会社に指定されたから」と回答する割合がもっとも高く、4割以上となっている（図表5）。次いで「以前からその金融機関とよく取引していたから」、「金利が低かったから」が続いている。このことから、住宅ローンの利用者は、預貯金

図表5　住宅ローン利用者が、住宅ローンの新規借入れ先としてその金融機関を選んだ理由（複数回答、n=462）

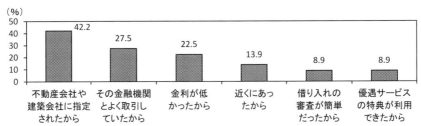

資料　日経リサーチ「金融総合定点調査　金融RADAR 2017」
注1　「金融RADAR 2017」は、2017年10～11月に首都圏の居住者を対象に実施している。
注2　回答割合上位6項目を掲載。

などですでに利用している金融機関にこだわらず、住宅関連会社から紹介された金融機関での借入れを検討する場合が多いことがわかる。

このような利用者の行動に対応して、各金融機関は住宅関連会社への営業に力を入れている。住宅金融支援機構の調査によると、金融機関が重視する販売チャネルは「住宅事業者ルート」の選択割合が8割以上ともっとも高くなっている（図表6）。そして、「窓口での個別対応」、「取引先企業等の職域ルート」、「インターネットの活用」が続いている。

過去の調査結果と比較して特徴的なのは、「取引先企業等の職域ルート」の選択割合が大きく上昇していることである。共働き世帯の増加などにより、昼間に金融機関を訪れることが困難な利用者が増えていることから、「取引先企業等の職域ルート」を重視する金融機関が多くなっていると考えられる。

また、注目すべき点として、インターネットでの申込み手続きに対するニーズの高まりが挙げられる。インターネットバンキングを利用している人は6割程度いるというデータもあり[※6]、インターネットを使っての金融サービスの利用は拡大してきている。これに対応して、都市銀行だけでなく地域金融機関でもインターネットでローンの申込み手続きができるようにする動きが増えつつある[※7]。

図表6　民間金融機関が重視する住宅ローンの販売チャネル（三つまでの複数回答）

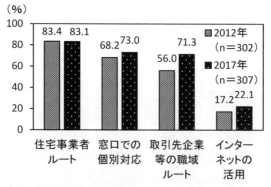

資料　住宅金融支援機構「民間住宅ローンの貸出動向調査」
注　回答割合上位4項目を掲載。

第9章　ローン利用者の行動に対応したJAの取組み

2．JAの貸出金の動向

　JAの家計への貸出金残高[※8]は、2010年9月以降減少が続いていたが、2017年12月より増加に転じており、2018年3月末の残高は20.6兆円である。

　JAの農業融資については次号で取り上げるため、以下では住宅ローンや小口ローンといった生活資金についてみていく。

　JAは、地域住民の資金需要に応えるために生活資金への対応も強化しており、住宅ローンは、JAの貸出金のうち5割程度を占めている。また、当総研がJAに実施したアンケート調査によると、今後伸びる余地があるローンとして7割近くのJAが「マイカーローン」を選択している（図表7）。「教育ローン」、「リフォームローン」、「フリーローン」を選択したJAも3割程度あり、地域に小口ローンの利用ニーズがあることがうかがわれる。

　こうした資金需要に対して、JAは窓口及び渉外による案内など、利用者との対面での推進を中心に対応してきた。しかし、先に見たように、住宅ローンの借入れでは、利用者は既存の取引にこだわらずに、住宅関連会社から紹介された金融機関から借入れる傾向にある。ほかにも、共働きなどにより日中に在宅していなかったり窓口に足を運べなかったりする利用者も多いことから、職域へのアプローチやインターネットでの手続きへの対応も重要となってきている。

図表7　JAが今後伸びる余地があると考えるローン（複数回答、n=327）

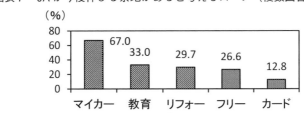

資料　農林中金総合研究所「平成29年度第2回農協信用事業動向調査」
注1　2017年11月に、全国JAから抽出した334組合を対象に実施。
注2　選択肢のうち、小口ローンを抜粋。

115

このようななかで、JAは強みである窓口や渉外担当者による案内に加え、利用者との接点を増やすような工夫をしていく必要がある。そこで、そのようなJAの取組みとして、住宅関連会社への営業の事例と職域ローンによる小口ローン推進の事例を紹介する。

3. 住宅関連会社への営業による住宅ローン推進
　　　―JAふくしま未来―

　先に述べたように、住宅ローンの推進にとって住宅関連会社への営業は効果的だと考えられる。
　当総研の調査によると、8割以上のJAが住宅関連会社営業を行っている（図表8）。そのうち、専任の職員やローンセンター職員が営業をしているところは6割ほどである。同調査によると、専任の職員やローンセンター職員が営業をしているJAでは、住宅ローン残高が増加したと回答する割合が高くなっており、住宅関連会社への営業が住宅ローンの獲得に結びつく可能性が高いと考えられる。
　そこで、住宅関連会社営業に積極的に取り組んでいるJAふくしま未来の事例を紹介する。

(1) 住宅関連会社営業の体制
　JAふくしま未来は、2016年3月に合併して発足したJAで、福島市

図表8　JAにおける住宅関連会社への営業活動の担当（n=315）

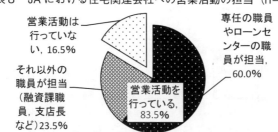

　　　資料　農林中金総合研究所「平成30年度第1回信用事業動向調査」
　　　注1　2018年6月に、全国のJAから抽出した333組合を対象に実施。
　　　注2　回答をもとに総研が分類して集計。

を含む福島県北地域と相馬地域を管内としている。管内人口は58万人、組合員数は9.5万人（うち正組合員4.6万人）である（2018年7月末現在）。当JAには四つのローンセンターがあり、ローンセンター職員が住宅関連会社営業を行っている。ここでは、とくに安達地区ローンセンターでの取組みを紹介する。

　安達地区ローンセンターは、2011年に独立店舗型のローンセンターとして開設され、開設を契機に積極的な住宅関連会社営業が始まった。本店併設型のローンセンターであった頃は、さまざまな事務作業に対応しなくてはならず、営業に出向く時間があまり確保できていなかったという。

　管内では他金融機関との競合が激しく、住宅ローン利用者へアプローチするために重要な方法として、住宅関連会社営業に力を入れている。現在の安達地区ローンセンターの職員数は3名で、うち2名が住宅関連会社営業を担当している。この2名は、営業だけでなく、事前審査から抵当権の設定にいたるまでの手続きも行っている。

　安達地区ローンセンターの営業先は250先ほどにのぼる。まず、月末に次の月の金利表を持って営業担当者の2名で全営業先を訪問している。効率よく回れるように訪問ルートを決めており、ルートによっては1日で50先程度を訪問することもある。月の中旬には、案件のある先や住宅展示場など、一部の先を訪問している。月に複数回訪問する先は50先程度である。

　営業先を訪問した際に話をする時間は、基本的には5〜10分程度である。審査をしている案件がある場合などは長くなることもある。訪問時に案件をもらうことは少ないが、住宅関連会社の営業担当者は異動が多いこともあり、顔つなぎとして毎月訪問している。

⑵　住宅関連会社の営業担当者と信頼関係を構築するためのポイント

　住宅関連会社の営業担当者から案件を紹介してもらうためには、信頼関係の構築がもっとも重要となる。しかし、信頼関係の構築は一朝一夕にできるものではない。安達地区ローンセンターでは、①審査の応諾率

の向上、②同じ担当者による一貫対応、③住宅関連会社から連絡がないときのフォロー、④住宅関連会社向け勉強会の開催、⑤住宅展示会への参加、などによって関係構築に努めている。

　まず①審査の応諾率の向上についてだが、住宅関連会社の営業担当者にとって、顧客が住宅ローンの審査に通るかどうかは、自身の業績に直結する問題である。なぜならば、顧客が住宅ローンを借入れできなかった場合、住宅を販売できなくなってしまう可能性が高いからである。そのため、審査の応諾率の向上が重要となる。

　審査結果について、保証会社によっては総合的な評価で判断をしている。たとえば、本人の状況だけではなく、家族の状況も評価対象になる。そのため、借り入れる顧客の情報を住宅関連会社から詳細に聞きだし、追加で必要な書類を素早く伝えられるように努めている。また、一見しただけでは審査に通るのはむずかしいと思われる案件であっても、引き受けて丁寧な対応を心がけている。

　②同じ担当者による一貫対応については、当JAでは、営業に加えて事前審査から決裁にいたるまでを同じ担当者が担当している。それにより、住宅関連会社の営業担当者とのやり取りがスムーズにできている。

　③について、事前審査の結果を伝えた後に住宅関連会社から連絡がなかった場合は、事前審査の有効期限が切れる前に改めて連絡をしている。住宅関連会社から案件の状況を聞き、他行での実行になった場合にはその理由を聞いたり、「次回はよろしくお願いします」という挨拶をしたりしている。

　④に関しては、金利や保証の内容が変更になったときに住宅関連会社に声をかけ、JA住宅ローンの商品性についての勉強会を開催している。勉強会は住宅関連会社ごとに実施しており、参加人数は多いときは10名程度になる。住宅関連会社にとっては住宅ローンのことを学ぶ機会となり、JAにとっては住宅関連会社の営業担当者と一度に会えるというメリットがある。

　⑤住宅展示会への参加については、住宅関連会社から呼ばれたときにJAのローン相談のブースを出している。住宅関連会社としては、金融

機関にブースを出してもらうことで、顧客が家を買うときの資金調達の相談にも乗れることをアピールができる、というメリットがある。

(3) 取組みの成果

安達地区ローンセンターの住宅ローン新規実行件数のうち、住宅関連会社の紹介によるものは8割程度にのぼっている。営業をしている250先のうち、1年間で50先ほどから案件の紹介を受けている。上記のような工夫をしているため、JAに魅力を感じて案件を任せてくれる住宅関連会社が徐々に増えてきている。

住宅ローン新規実行額については、住宅関連会社営業を強化した2011年以降、伸び続けている。現在では、安達地区全体の住宅ローン新規実行額のうち25％程度のシェアをJAが占めている。

4．職域ローンによる小口ローン推進
　　―JAかごしま中央―

日中は外で働いていて家を不在にしている世帯と接点をもつ方法として、職場を訪問して推進するというやり方がある。これは、中小企業を会員・組合員基盤とする信用金庫や信用組合で盛んに行われているが[※9]、主に農業者を組合員とするJAではこれまではあまり行われてこなかった。しかし、JAにおいても、つながりのある事業所などへの訪問推進を強化する余地は大きいのではないかと考える。ここでは、そのような事例として、JAかごしま中央の取組みを紹介する。

(1) 開始のきっかけ

JAかごしま中央は、鹿児島市（一部地域を除く）を管内とするJAで、2017年2月末時点の組合員数は3.7万人（うち正組合員4.5千人）である。同JAは、2018年3月に合併し現在はJA鹿児島みらいとなっている。ここで紹介する職域ローンは、JAかごしま中央で行われていた取組みである。

当 JA では、月に 1 回融資専任担当者会議を開催していた。融資専任担当者会議とは、渉外担当者と融資担当者で行われるもので、それぞれの担当者の推進状況の確認と融資戦略の検討を行っていた。毎月の会議では担当者がローン推進についてさまざまな提案をしており、決裁を経て実行にいたった施策が多くある。このように、当 JA では若い職員の意見も取り入れながら施策を考えていく体制ができていた。職域ローンは、融資専任担当者会議での提案をきっかけとして実行にいたった施策の一つであり、2016年から始まった。提案した担当者は、新聞などで他の金融機関が職域へのアプローチを行っている事例を知り、JA でもやってみたらどうかと考えて提案したとのことである。

この取組みを開始する前の背景として、当 JA では貸出金残高の減少や利回りの低下という状況が生じていた。そうしたなかで、若手の職員を中心として小口ローンを推進していこうという意識が高まっており、職域ローンの開始につながった。

(2) 制度の仕組み

職域ローンは、事業所から職場での営業推進の許可をもらい、その事業所の従業員に通常よりも優遇した金利で貸出を行うものである。信用金庫や信用組合で一般的に行われているものとは異なり、JA と事業所が組織間で契約を結んでいるわけではないという特徴がある。

対象とする事業所は、貯金、融資、共済など、何らかの取引があるところである。具体的には、日々の集金や両替などで面識ができている歯医者や動物病院などで、顔見知りの人に声をかけて職場での推進につなげていた。ほかに、当 JA には貯金や共済などの取引がある中小企業の集まりがあり、その集まりに属する企業も訪問先としていた。

訪問先の選定基準は、何らかの取引があるということ以外にはとくに設けておらず、渉外担当者が訪問して推進したい事業所を選定し、本店の事業推進課は支店から申請された事業所を承認するという形をとっていた。金利優遇の対象となる事業所数は、2018年 2 月時点でおよそ80先であった。

第9章　ローン利用者の行動に対応したJAの取組み

対象となるローンはリフォームローン、マイカーローン、教育ローン、フリーローン、ソーラーローンで、それぞれ金利を0.2％引き下げて提供していた。担当者は対象先を訪問してお昼休みの時間などに従業員を集めてローンの説明をしたり、説明用のチラシを配布したりしていた。ほかにも、チラシを職場内で回覧してもらったり、掲示板に貼ってもらったりするなど、訪問する事業所によって推進方法を工夫していた。

(3) 取組みの成果

小口ローンの新規実行額は、平成29年度に前年対比で1,800万円程度増加している。取組み開始から間もないこともあり、残高や新規実行額の大きな変化はつながっていないものの、新規の利用者との接点づくりに役立っていたという。現在（2018年7月時点）は合併により職域ローンを中断しているが、今後再開することが期待される。

5．まとめに代えて

JAは、地域住民の資金需要に応じていくために、強みである窓口や渉外担当者によるローンの案内に加えて、借入れ意向のある人へのアプローチの機会を増やすような工夫をする必要が生じている。本稿では、そのような取組みとして、住宅関連会社への営業の事例と職域ローンの事例を紹介した。

住宅関連会社への営業は、住宅ローンを借入れようとしている利用者にアプローチするうえで有効である。ただし、住宅関連会社の営業担当者から利用者を紹介してもらうには、信頼関係がなければいけない。信頼関係を構築するためには、本稿で紹介したようなさまざまな工夫と努力の積み重ねが重要となる。

職域ローンは、共働き世帯が増加するなかで今後ますます取組みの意義が大きくなっていくと考えられる。本稿で紹介した事例では、日々の集金などの取引先に着目して職域ローンを展開していた。取引のある事業所に対する推進は、他のJAでも取り入れやすいのではないだろうか。

利用者の資金需要をとらえるためには、利用者といかにして接点を持つかが重要である。JAでも現在取組みを強化しているところであるが、今後はネットローンによる対応も重要になってくると思われる。利用者のニーズに適切に対応していくためには、さまざまなチャネルを使って利用者との接点を増やしていく必要があろう。　　　　（2019年1月号掲載）

※1　日本銀行「金融システムレポート（2018年10月号）」pp.17～18による。
※2　日本銀行「金融システムレポート（2011年10月号）」pp.21～22による。
※3　日本銀行「金融システムレポート（2018年10月号）」pp.18 ～ 19による。
※4　たとえば、一部の地方銀行は中小企業向け貸出に事業集中すると決めて住宅ローン残高を減少させている（多田忠義「2017年度の住宅着工と住宅ローンの動向～増加が続く分譲一戸建着工、貸出減も高水準を維持～」『金融市場』2018年9月号、pp.61～62）。三菱UFJ信託銀行は、2018年3月に住宅ローンの新規申込受付を終了している。
※5　日経リサーチ「金融総合定点調査　金融 RADAR 2017」による。2017年10月～11月に首都圏の居住者を対象に実施されており、30代・40代の有効回答数は1031。
※6　株式会社 NTT データ経営研究所「金融サービスの利用動向調査」（2016年8月実施）による。
※7　直近の事例としては、足利銀行が2018年6月から、群馬銀行が2018年11月から、申込みから契約までをウェブで完結できる小口ローン商品を拡大している。
※8　ここでのJAの家計への貸出金とは、JAの貸出金全体から日本政策金融公庫貸付、共済貸付、金融機関貸付を除いたものである。
※9　信用組合の事例については、古江晋也「地域金融機関に広がる職域サポート制度」『金融市場』2015年7月号を参照されたい。

第10章

農業融資の現状とJAの取組み

石田 一喜

はじめに

　JA、信用農業協同組合連合会（以下、「信連」という）、農林中央金庫で構成されるJAバンクは、農業を基盤とする金融機関として、農業融資に関する一体的な金融サービスを継続的に提供してきた。さらに、2016年以降のJAバンク中期戦略では、日本農業のメインバンクとしての役割発揮をこれまで以上に重視しながら、さまざまな取組みを展開中である。以下で示すように、すでにこうした取組みの成果が出てきており、JAバンクの農業融資の新規実行額が増加するだけではなく、減少が続いていた農業融資残高が、17年度末には増加に転じている。

　他のローン商品と同じく、農業融資についても、資金ニーズをいち早く把握し、借入者の事情等を勘案しつつ貸出対応を適切に行うことが重要であり、その実践を可能とする体制が理想となる。

　そこで本稿では、他金融機関との競合の激化も踏まえながら、JAの農業融資体制のあり方を検討することとする。以下では、近年のJAバンクの農業融資をめぐる状況を整理したうえで、JAの農業融資体制の現状とそこでの課題をまとめ、事例を交えながら「出向く体制」のあり方を考察したい。

1．農業融資をめぐる状況について

(1) JAバンクの農業融資は新規実行、残高ともに伸長も、シェアは低下

まず、JAバンクの農業融資の実績をみていきたい。

図表1は、JAバンクの新規実行額について、直近の実績をみたものである。これをみると、2015年度の2,535億円が、2016年度には3,450億円、2017年度には3,886億円に増加している。こうした新規実行額の伸長は、取引者数の増加と連動しているが、新規実行額を取引者数で割った平均実行額も同時に増加しているため、大型案件に対応する機会が増加しているとみられる。

次の図表2は、JAバンクの農業関連融資残高の推移をまとめたもの

図表1　JAバンクの農業融資新規実行額と取引者数の推移

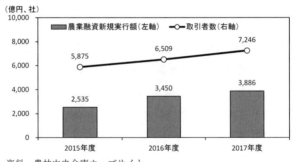

資料　農林中央金庫ウェブサイト

図表2　JAバンクの農業関連融資残高とシェア

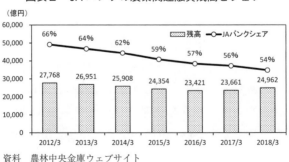

資料　農林中央金庫ウェブサイト

第10章　農業融資の現状とJAの取組み

である。JAバンクの場合は、既往の貸出額の大きさから、借入返済の終了にともなう「期落ち」分が他金融機関よりも大きく、ある程度の新規実行があったとしても、残高が減少してしまう時期が長く続いていた。ところが、期落ち分を上回る新規実行が行われるようになった結果、17年3月末の融資残高は前年比増に転じている。続く18年3月末も残高の前年比増加がみられ、かつその増加額も、17年3月末の240億円から18年3月末には1,300億円に拡大している。

(2)　他金融機関との競合は激化

　以上の結果は、16年以降の中期戦略期間中の取組みを通じて、JAバンクが着実に農業者のニーズに対応した結果であろう。しかしながら、国内全体の農業向け融資残高に占めるJAバンクのシェアをみると、低下幅は年々縮小しているが、低下自体は継続している。こうしたシェアの低下は、他金融機関の融資がJAバンク以上に伸長していることを示唆しており、その要因は以下二つにわけて考えることができる。

　一つは、第5章（57頁）において長谷川がまとめている通り、地方銀行など国内銀行の農業融資残高が伸長したことである。日本銀行の「貸出先別貸出金」によれば、国内銀行の農業融資残高は、直近3か年は毎年300億円増加している。ここには、農業生産のための資金以外に、農業を営む先への各種の貸出が含まれているため留意が必要であるが、貸出を急速に伸ばしていることがわかる。国内銀行の貸出先は優良大規模経営や畜産が中心であるが、従来の顧客である企業が新たに農業に参入するケースへの対応も一部含んでいる。一般に、JAバンクの平均的な融資規模より大きいことが特徴である。

　このように地方銀行等が農業融資を積極的に行う背景には、営業エリアの人口減少など営業基盤の衰退が顕在化するなかで、エリア内にある食や農業関連の産業に注目が集まったという経緯がある。その後、地方創生と連動するようになると、都道府県や市町村と連携しつつ、地域活性化の核となり得る産業に対する支援へと発展しながら取り組まれている。

125

また、「日本再興戦略2016」（16年6月2日閣議決定）などが、民間金融機関による農業融資の活性化を国の方針として政策的に位置付けたことも大きく影響している。こうした方向性をさらに進める制度として、18年7月からは「農業ビジネス保証制度」が施行されている[1]。国内銀行や信用金庫が長期間要望していた本制度の内容は、中小企業庁「農業ビジネス保証制度要綱」（18年6月26日）にまとまっているが、本制度の施行にともない、商工業を営む企業があわせて農業に取り組む際に必要な事業資金（商工業の実施に必要な事業資金と混在する資金を含む）について、信用保証協会による債務保証が可能となることが要点である。

　なお、本制度では、貸し倒れ時の金融機関の負担は20％となり、残る80％については、国（金額の30％）、地方自治体（同25％）、信用保証協会（同25％）の3者が負担する。このうち、地方自治体に関しては、事前に中小企業庁と協議を行ったうえで、各信用保証協会に必要な支援措置を講じ、要綱が定めた要件を満たす制度融資を創設しなければならない。これは国内銀行や信用金庫が長期間要望していた内容でもある。

　18年下期以降、徐々にこうした制度融資の創設が進んでいる。今後は従来の農業信用保証保険制度の利用状況も勘案しながら、その影響の大きさをエリアごとにみていく必要があろう。

　いま一つの要因は、日本政策金融公庫（以下、「公庫」という）による直貸等の残高が伸びたことである。

　公庫の貸出の中心を占めるスーパーL資金は、認定農業者（農業経営改善計画を作成して市町村の認定を受けた個人・法人）を対象とする商品として、貸付限度額の大きさと償還期間の長さに加え、農林水産長期金融協会の利子助成のもと現状無利子であることを特徴としている。こうした商品性を背景に、公庫の直貸等の残高増加が続いており、新規実行額をみても、2017年度に前年比3割増と大幅に増加した後、2018年度も2017年度と同水準の4,000億円程度を見込んでいる。

　公庫を含む政府系金融機関の貸出残高が増加している状況については、民間金融機関から、「民業補完を徹底すべき」という意見が出ている[2]。なかでも金利水準に関しては、「民間金融機関の金利や市場レートとは

大きくかい離した低い金利が適用されている」として、見直しを要望する声が多い[※3]。新規就農者向けや災害の被害に対する資金などは別として、金利水準の見直しが行われるかによって、今後の公庫の直貸の動向は変わってくるだろう。

現状、公庫としては、民業補完の徹底に向けて、民間金融機関との「協調融資」を強化する方針を立てている。公庫の定義によれば、協調融資は「同一目的の資金計画に対し、日本公庫と民間金融機関が協議を経たうえで、両者が融資（保証）を実行または決定」することであり、すでにほぼ全ての地方銀行、第二地方銀行が、公庫との間に「協調融資スキーム」を締結している。

18年11月に公表された18年上半期の実績（農業以外の分野を含む）をみると、協調融資の件数は前年同期比4割増となっている。その内訳は、公庫から民間金融機関への紹介件数5,667件に対し、民間金融機関から公庫への紹介件数は17,116件である。このなかで農業分野は、民間金融機関からの紹介を経て、公庫が単独で融資するケースが多いと紹介されている。

(3) 足元のJAの貸出状況

ここで、JAバンクのうち、JA単独の足元の状況を確認したい。

図表3は、月別にJAの資金種類別残高（農業近代化資金、プロパー資金）

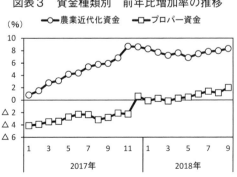

図表3　資金種類別　前年比増加率の推移

資料　農中総研「農協残高試算表」

の前年比増加率をみたものである。これをみると、農業近代化資金の残高の前年比が17年度中に急上昇し、18年度中も前年比8％前後という高水準で推移している。また、プロパー資金の残高についても、前年比増に転じた18年4月以降、増加が続いている。

こうした増勢の背景には、JAの積極的な取組みに加え、各都道府県単位で実施している「保証料助成」も大きく影響している。保証料助成とは、農業者の借入時に各都道府県の農業信用基金協会に対して一括前払い方式により支払われる保証料相当額をJAバンクが助成する仕組みであり、農業近代化資金については全県域で実施されている。

こうした保証料助成とJAバンクの利子補給を組み合わせることで、現在では、すべての県域において、公庫のスーパーL資金と金利面では同条件で借入れることが可能になっている。なお、プロパー資金であるアグリマイティー資金等についても、一部県域においては保証料助成が実施されている。

2．JAの取組状況

(1) 農業者の資金ニーズの把握状況

ここからは、JAの農業融資体制について考えていきたい。先にも述べた通り、農業融資の新規実行額の増加は、農業者の資金ニーズに対応した結果である。よって、そうした資金ニーズの存在が、新規実行や残高増加の前提条件となる。

そこで、全国326JAを対象に、農業融資の新規実行額の増加につながる要因の有無とその内容をたずねたところ（図表4）、9割超のJAが、農業融資の新規実行額の増加につながる要因を一つ以上回答しており、資金ニーズを持つ農業者のイメージを把握することができる。

具体的な内容としては、「新たな機械の導入」や「ハウス・畜舎等の新設」など、設備投資に関する回答割合が高く、「既存経営体の経営規模拡大」がそれに次いでいる。

ここで注目したいのは、2～3割のJAが、「新規就農・参入企業の

第10章　農業融資の現状とJAの取組み

増加」や「集落営農（任意組織）の法人化」「経営体の法人化の進展」など、新規取引先となる法人経営体に対する融資を増加要因に見込んでいる点である。なかでも任意組織の集落営農については、法人化が進むことによって、収支状況の把握や経営の事業評価が容易になることから、手続きの面でも貸出機会の増加が期待できる。また、法人化直後は、農業用機械の取得・修理などに関する資金ニーズが高まりやすいタイミングでもある。管内の法人化の動向を把握し、JA自らが行う任意組織の法人化に向けた支援とも連携していくことが重要であろう。

　加えて、1割が回答している「振興（重点）作物の生産拡大」は、営農・経済事業部門が進める生産振興を、信用事業部門が資金面でサポートする点で、JAの総合事業の強みを生かした取組みとなっている。とくに生産に関して新たな設備投資が必須となるケースでは、営農・経済事業部門から信用事業部門への相談および情報共有の機会も多く、資金の実行にもつながりやすい。なかには、振興（重点）作物に関する設備投資に限り、低利での借入を可能とする利子補給を行うJAもみられ、信用事業からも農業生産振興をサポートするケースとなっている。

図表4　農業融資の新規実行額の増加につながる要因

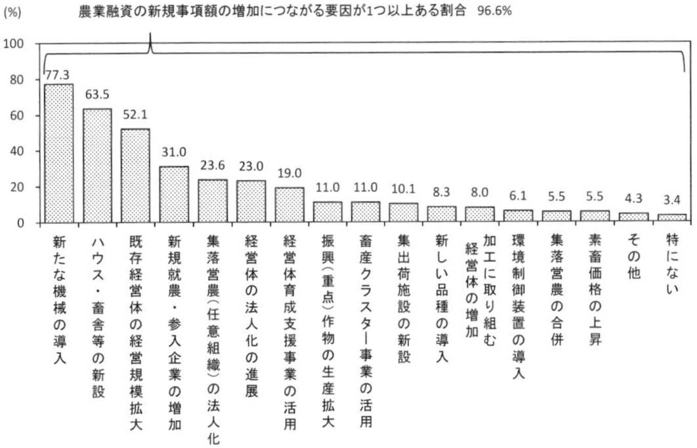

資料　農中総研「農協信用事業動向調査」（平成29年度第2回）
注　回答農協数は326。複数回答。

129

(2) 多くのJAが「出向く体制」を実践

従来であれば、設備投資等の資金ニーズを持った農業者は、自然とJAに相談するケースが多かった。そのため、JAとしても、農業者から借入の相談を受け、その相談に適切に対することを第一としてきた。しかし、地方銀行や公庫が、資金ニーズが強い大規模経営体を中心に訪問活動を開始し、その訪問先に直接融資対応を行うケースが出てくるなかで、JAが従来の姿勢を見直し積極的に「出向く体制」を構築することが必要になってきた。

資金ニーズの喚起・把握に向けたJAの取組状況をまとめた図表5をみると、すでに7割強のJAが「信用事業職員による組合員の訪問」や「営農・経済事業職員による組合員の訪問」を実施していると回答している。信用事業職員や営農・経済事業職員の単独訪問に加え、信用事業職員と営農・経済事業職員が一緒に農業者を訪問する同行訪問を実施するJA

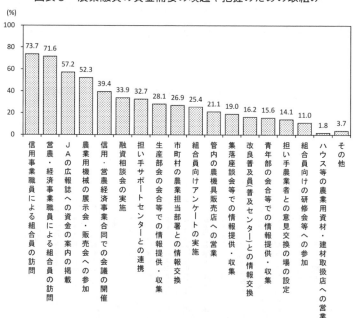

図表5　農業融資の資金需要の喚起や把握のための取組み

資料　農中総研「農協信用事業動向調査」(平成28年度第2回)
注　回答農協数は327。複数回答。

第10章　農業融資の現状とJAの取組み

も多く、「出向く体制」が広く構築されていることがわかる。

(3) 訪問に関する課題

　ただし、「出向く体制」を実践するにあたり、いくつかの課題が明らかになっている。

　一つは、訪問頻度および訪問体制に関する課題である。JAの渉外担当職員は、貯金や他のローンも兼務しており、農業融資の案内のためだけに、農業者のもとに出向けないことが多い。そうした訪問は営農・経済事業職員に任せているJAもあり、地域の担い手を対象にJAの信用事業職員の農業融資に関する訪問状況をたずねると、3割の担い手が、「訪問がない」と回答している。

　もう一つは、訪問内容に関する課題である。一般に、訪問に対する満足度は、訪問回数が多いほど、訪問時の情報提供があるほど高い傾向がある。しかし、信用事業職員による農業融資に関する訪問を新たに開始したJAでは、農業あるいは農業経営に関する農業者との会話が続かず、「2回目以降の訪問に行きにくい」という声が聞かれる。一方で、とくに大規模な農業者からは、農業融資に関する訪問を最近始めた他金融機関職員よりも、JA職員からの情報提供機会が少ないという印象を持たれている。ここには、JA職員としては情報提供をしているつもりでも、農業融資以外の案内に来た時との区別がつかず、農業者に認識されていないパターンが相当含まれていると考えられる。相手が関心を持つ情報を把握し、提供に努めることや、伝え方等の改善を検討することが必要であろう。

　これとも関連して、訪問時の対話力の向上も重要となる。

　農業者が借入先となる金融機関を選択する際は、金利条件や担当者の対応の良さに次いで、自らの経営をよく理解し、相談に乗ってくれることを重視する傾向がある。訪問時には、一方的な情報提供や資金ニーズの有無を単純にたずねるのではなく、対話を通じて訪問先の農業経営の理解を深めることが、訪問する上で重視されてよい。

　経済事業の利用がある農業者については、営農・経済事業職員や

131

TAC等の方が、日常的な業務を通じて、経営の概要等を理解していることが多い。そのため、営農・経済事業職員との同行訪問を通じて、対話の方法を学んだり、営農・経済事業職員が持っている情報を信用事業職員が共有していくことも重要と考えられる。

3．農業融資専任職員の配置

　上記のような課題への対応をまとめると、農業および農業融資に関して一定の知識を持ち、農業者との対話を通じて、経営の概況等を把握することが必要である。そのうえで、JA内で個々の職員が持っている情報を一元的に把握することや、そこにニーズがあれば迅速かつ適切な対応を取ることが第一であろう。その体制については、管内の担い手数や農業融資残高の規模、主要な農畜産物、管内の広さや支店数など、JAの特性がさまざまあるなかで、一つの正解があるわけではない。

　同様に出向く体制に関しても、信用事業職員、営農・経済事業職員、TAC等がどのように農業者を訪問するかというJA内での役割分担や、集めた情報の集約化の方法についてさまざまなタイプがあり得るだろう。

　ただし、これらの課題への対応に関する最近の特徴をみると、信用事業部門に農業融資を専任とする職員を配置する事例が多くみられる。

　その代表的なケースとして、主に渉外活動を行う専任担当者を配置したJAでは、ニーズの把握から資金対応まで一貫して行うことができるというメリットを発揮している。また、訪問活動は支店の渉外担当者が行うが、そこで資金ニーズについては本店の専任担当者が一括して対応するケースでも成果がみられている。とくに、事務手続きにノウハウが必要な農業近代化資金については、専任担当者が集中して対応することで、効率的かつ迅速な資金対応を実現するケースがみられる。

　以下では、前者の渉外活動を行う専任担当者を設置し、課題の解決に取り組んでいる事例として、二つのJAを紹介したい。

　一つ目のJA遠州夢咲は、16年1月に、本店の金融推進課の職員として、農業融資専任の渉外担当者を設置したTAである（重頭（2018））。これは、

第10章　農業融資の現状とJAの取組み

アンケート調査で組合員にJA職員の訪問状況をたずねたところ、「訪問があった」と回答した割合がJAの想定より低く、訪問体制の見直しが必要と認識した結果である。専任担当者の設置とその活動内容は、「農業融資紹介活動要領」のなかで定めており、農業者への定期訪問と農業関連情報の収集、県の中央会や信連等の系統団体との情報交換などを担当することになっている。

　農業融資専任とはいえ、訪問活動を始めた当初は、訪問時に会話が続かないこともあったという。しかし、農作業への従事や経済事業を担当する農業振興部から情報を得ることを通じて、徐々に会話量を増やし、自分から情報提供できるように努めたとのことである。訪問先の情報は、活動報告として記録し、営農経済センター等との共有をはかっている。

　農業融資専任担当を設置するメリットの一つに、農業者から資金に関する相談を受けた他部門職員の相談先が明確化されることがある。JA遠州夢咲でも、他部門から専任担当への対応要請があり、その内容は「引き継ぎ一覧」として、その都度記録し、部門間連携の「見える化」を進めている。こうすることで、農業融資渉外の活動が、他部門との連携のうえに成り立っていることが明示されることになり、営農・経済事業部門から信用事業部門への相談が自然と行われる好循環が生まれることが期待される。

　二つ目のJAぎふ（小針（2018））は、農業融資専門担当部署として、金融部内に「農業金融サポート室」（設立当初。現在は「農業経営サポート室」に名称を変更）を設置した事例である。農業金融サポート室には３名の農業融資専任担当者が配置されており、組合員への訪問を行っている。とくに、営農・経済事業の利用がなく、営農・経済事業職員等の訪問がない先に関して、専任担当者が率先して訪問することにしている。

　また、同JAでは、農業経営サポート室を核とした事業間の情報共有にも積極的である。その一つが、「担い手管理訪問システム」の導入であり、農業経営サポート室の職員、TAC等の営農・経済事業職員、役員にそれぞれタブレット端末を持たせ、担い手の経営概況やJAの利用状況、訪問での対応内容等を記録し、共有できる仕組みを構築している。

133

このとき、営農・経済事業職員からの情報提供にインセンティブをもたせる仕組みとして、「営農経営職員奨励制度」を実施している点も特徴である。

4．おわりにかえて

　日本農業のメインバンクとしての役割の発揮に向けて、JAバンクでは農業融資に関する積極的な取組みを行っている。地域活性化に注力し始めた地方銀行や公庫などとの競合もあるなかで、農業者の資金ニーズに適切に応える体制作りを進めていくことが重要となる。

　そこでのポイントは、JAが把握している資金ニーズ等について、適切な対応をはかることにつきる。最近増えている農業融資専任担当者の設置は、各課題の対応策の一つであり、JAの他部門の職員にとって、農業融資に関する相談先が明確化されるため、事業間連携をはかりやすい体制作りとしてみなすこともできる。もちろん、専任担当者の設置のみが正解ではない。訪問する機会が多い営農・経済事業職員やTACが得た情報もあわせて、JA内の情報を一元的に集める仕組みを、JAごとのさまざまな特性にあわせて構築することが求められる。

　また、JAないしJAバンクならではの強みを生かした方針として、他事業部門が進める事業や取組みとの連携を意識することも必要である。産地化をすすめている品目などがあるJAでは、営農・経済事業職員が組合員を訪問する機会も多く、必要な施設や機械等の情報に詳しい。そういった取組みと連動して、資金面から農業振興をサポートすることが理想的である。任意組織の集落営農の法人化支援もその一例であり、今後さらなる取組みが期待される。

（2019年2月号掲載）

※1　「農業ビジネス保証制度」は、国家戦略特別区域における特例措置として実施されていた「国家戦略特別区域農業報奨制度」が全国展開されたものである。信用保証協会による農業関連の保証が認められていなかった経緯等については、石田（2016）および石田（2017）にまとめている。
※2　全国銀行協会、全国地方銀行協会、第二地方銀行協会、全国信用金庫協会、全国信

用組合中央協会の連名により、「政策金融のあり方について」（18年3月29日）として
こうした意見がだされている。

※3　「政府系金融機関の民業圧迫に関する質問に対する答弁書」（18年2月23日、内閣衆
　　質一九六第八一号）では、政府系金融機関の一つである㈱商工組合中央金庫については、
　　「低利の資金を競争上優位性のある『武器』として認識し、収益及び営業基盤の維持・
　　拡大に利用していた」という判断がなされている。低利のあり方については再検討が
　　必要とも考えられる。

〈参考文献〉

石田一喜（2016）「農業分野での成長に必要な資金供給を目指す成長戦略―『日本再興戦略
　2016』に注目して―」農中総研　調査と情報　2016年9月号

石田一喜（2016）「農業分野に関する国家戦略特区の取組み」農林金融　2018年12月号

重頭ユカリ（2018）「静岡県JA遠州夢咲の農業融資渉外」農中総研　調査と情報　2018年
　1月号

小針美和（2018）「JAぎふにおける農業融資の取組強化」農中総研　調査と情報　2018年
　5月号

第11章

金融機関の店舗再編の動向
－JAと銀行等の事例から－

髙山　航希

1．はじめに

　本稿では、活発化している金融機関の店舗再編の動向についてまとめる。構成は以下の通りである。まず、店舗再編の背景となっている金融機関の事業環境の変化について整理する。次に、店舗再編としてどのような取組みが行われているのか、主に銀行の事例をまとめる。そして筆者が行ったヒアリング調査から、JAの店舗再編事例を紹介し、他のJAが店舗再編を進めるにあたって参考になると思われる点を示す。

2．店舗再編の背景

　足下では、多くの金融機関で店舗再編の動きが活発になっている。たとえば、三菱UFJフィナンシャル・グループが2023年までに新しいタイプの店舗を導入しつつ、従来型の窓口を持つ店舗数を半減する計画を掲げるなど、店舗の内容と数の両面で大胆な再編に踏み込む金融機関が現れている。

　図表1は、業態別の店舗数を、一貫したデータが得られる2003年以降で示したものである。2010年以降は、金融機関の店舗再編の動きが比較

第11章　金融機関の店舗再編の動向

的小さい時期が続いており、都銀や地銀の店舗数は期間中、それほど変わっていない。信用金庫は徐々に店舗が減少しているが、2007年以降はほとんど横ばいとなっている。JAの信用事業を営む店舗数は、2003年から2010年ごろまでの間に3割程度減少しており、このなかではもっとも店舗数が減少した業態といえるが、2010年以降は落ち着いていた。

それでは、足下で再び店舗再編の動きが活発化した背景には何があるのだろうか。次節から説明していきたい。

(1) 新しいチャネルの普及

店舗再編の背景としてまず挙げられるのは、店舗に代わるチャネルの普及である。

総務省の『通信利用動向調査』によると、過去1年間にインターネット利用経験のある人は2018年時点で7割を超えており、ほとんどの人に普及したと言える。またスマートフォンの保有率もこの数年で急速に伸びており、2018年には6割を超えている。この状況に合わせて金融機関はインターネットバンキングやスマートフォン向けバンキングアプリの機能強化を進めている。その結果、残高照会や振込といった単純な取引でわざわざ金融機関の店舗まで出向く必要がなくなった。加えて、紙の通帳を発行しない「通帳レス口座」が登場したことで、スマートフォンと運転免許証があれば店舗に行かずに口座開設ができる金融機関も多い。

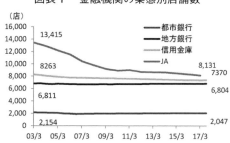

図表1　金融機関の業態別店舗数

資料　全国銀行協会「全国銀行財務諸表分析」、信金中金地域・中小企業研究所「信用金庫統計」、農林水産省「総合農協統計表」
注　JAは信用事業を営む本支店と出張所の数、信金は本支店と出張所の数、銀行は本支店の数。

137

さらに、複数の金融機関の口座の残高や取引明細を一か所に集約して確認できる PFM（Personal Financial Management、個人資産管理）サービスなど、従来は実現できなかったような新しいサービスが新興企業によって生まれている。

　また、コンビニエンスストアなど金融機関の店舗外にある ATM も急速に浸透している。全国銀行協会の『平成29年版決算統計年報』によると、2017年９月末現在の ATM 設置台数は都銀が26,000台、地銀・第二地銀が計46,000台、信金が20,000台、JA・JF 系統が12,000台であるのに対し、コンビニ ATM は各社が公表しているデータを合計すると55,000台を超えており、他のどの業態よりも多い。これにより現金の引き出しでも金融機関店舗まで行く必要がなくなった。政府も後押しするキャッシュレス化が進展すれば、そもそも現金を引き出す必要性が薄れるため、店舗に行かなくなる傾向はさらに強まると思われる。

　店舗の利用度合いが低下していることは、アンケート調査からも確認できる。全銀協の「よりよい銀行づくりのためのアンケート」から銀行のチャネル別利用割合（図表２）をみると、2006年には銀行窓口を年に２回以上利用する人の割合が66.4％であったのに対し、インターネットバンキングは31.4％、コンビニ ATM は26.2％と、３〜４割程度の差があった。しかし、銀行窓口の利用割合が低下し、インターネットバンキングとコンビニ ATM が上昇した結果、利用割合の差は2012年に３〜５％、2015年に１〜２％程度にまで縮まっている。日常的で単純な取引の

図表２　銀行のチャネルの利用割合

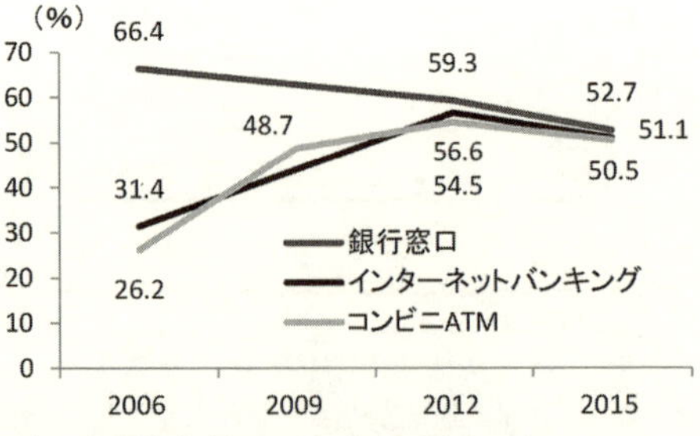

資料　全国銀行協会「よりよい銀行づくりのためのアンケート」
注　各チャネルを年に２回以上使う人の割合。

場としての店舗の比重が低下しているといえる。

(2) 人口動態の変化

店舗再編につながる環境変化として次に挙げられるのは人口動態である。図表3は国立社会保障・人口問題研究所による、2010年から2040年までの日本の人口と世帯の推計数の推移を示したものである。いずれも2015年を100とした指数で表示している。

人口減少は2000年代から始まっており、今後も長期にわたって続くと予測されている。2030年ごろには2015年と比べて5～10％人口が減るとみられている。独居世帯の増加などにより、家計の単位である世帯の数はまだ増加傾向にあるが、2025年頃には世帯数についても減少が始まると予測されている。

人々の居住地域の分布など、人口動態の数以外の面にも注意したい。日本全体のレベルで大都市圏に人口が集中化していることはよく言われるが、県レベルでも県庁所在地への集中化が起こっており、またもっと狭い範囲でも市街地への集中化が起こっている。新しい道路ができることで交通の流れが変わることもありうる。

金融機関は、こうした変化に合わせて店舗の配置を見直すことが必要になる。

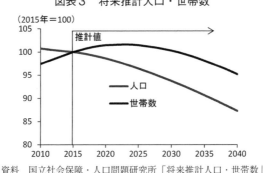

図表3　将来推計人口・世帯数

資料　国立社会保障・人口問題研究所「将来推計人口・世帯数」

(3) 人材の捻出・育成のための店舗統合

新しいチャネルの普及や人口動態は、店舗が担う役割にも影響を与える。店舗業務において、日常的で単純な金融取引の比重が低下する半面、資産運用やローンの相談といったアドバイザー業務や推進の拠点としての役割は、店舗にしか果たせないものとして残るだろう。また人口の減少や高齢化は、業務における相続対応の比重が高まることを意味する。それだけでなく、コンプライアンスや金融規制の変化に対応するための人材の必要性も近年は高まっている。

金融機関はこうした比較的高度な業務に対応可能な人材を確保する必要がある。そのためJAなど店舗の規模が小さい業態では、店舗の統合により業務を効率化することで人材を捻出したり、新しい人材を育成する体制を整えたりする必要があると思われる。

3．銀行等の店舗再編の動向

次に、店舗再編が始まった銀行等において、どのような取組みが行われているか、事例を見ていきたい。

(1) 店舗統廃合

営業エリアが重なる銀行同士が経営統合する場合、店舗統廃合によるコスト削減が大きなメリットの一つとなる。

最近の事例では、東京都民銀行、八千代銀行、新銀行東京の合併により設立されたきらぼし銀行が店舗再編を進めている。中期経営計画によれば、2017年9月末にフルバンキング店舗133店、軽量店舗26店、計159店の体制を再編し、2022年度までにフルバンキング店舗50店、軽量店舗50店にする。合理化対象店舗を他店の中に移動する店舗内店舗方式を活用していく。この店舗内店舗方式は店番号や口座番号はそのまま残るが、事実上の廃止といえる。

しかし、経営統合がなくても店舗統廃合は進められている。福井銀行は2019年3月期からの中期経営計画のテーマの一つに「選択と集中」を

挙げて、やはり店舗内店舗方式を使って店舗統廃合を実施している。筑波銀行も2010年から店舗統廃合を断続的に進めており、2018年には6店を店舗内店舗の形で他店に統合している。

店舗統廃合後に金融サービスへのアクセスを確保するため、移動店舗車を導入する例もある。JA以外では、信用金庫と地方銀行で導入例がみられる。

(2) 軽量店舗

店舗を廃止するのではなく、提供するサービスを絞り、自動化機器も活用することで、フルバンキング店舗よりコストを抑え、店舗を維持しようとする動きもある。

常陽銀行は、ATMやテレビ電話相談窓口の活用により、従来より少人数で運営できる新型店舗「クイックステーション」の展開を始めており、支店や出張所をクイックステーションに転換する例がみられる。設備を開発した企業が公開している資料によれば、投資信託やローンなどに関する専門的な相談はテレビ電話で他店に繋ぐため、店舗運営に必要な職員数を6〜8人から2人に減らすことができるという。同行は個人特化型店舗や法人特化型店舗も導入し、機能を絞ってコストを削減しながら店舗自体はなるべく維持する方針である。

一部の地方銀行や信用金庫が導入している「母店・サテライト店」制度も、軽量店舗の一類型である。これは同一地域の店舗グループを、中心となる母店とそれ以外のサテライト店に分類するもので、母店はフルバンキング機能を維持するが、サテライト店は機能を絞り、個人特化型や法人特化型に転換したり、出張所に転換したりする。併せて同一地域内の店舗同士で営業エリアを再調整することによって、効率化が可能になる。

機能をもっとも削ぎ落とした店舗としては、相談機能特化型店舗が挙げられる。ATMが近隣にあるものの、窓口を持たず、専らローン、資産運用、保険、相続等の相談や契約を業務とし、現金は取り扱わない。相談には事前予約が必要である。事前予約制によって利用者は待ち時間

がなくなり、金融機関は効率的な店舗運営が可能となる。銀行の実施例にはりそな銀行の「セブンデイズプラザ」や三井住友銀行の麻布十番支店といったものがあり、現状では主に都市部でコストを抑えた新規出店に使われている。

(3) 営業時間の短縮

金融機関の営業時間は、利用者の不便がないように法令によって定められているが、店舗維持コスト削減の観点から、規制緩和がなされている。

以前は、当座預金を取扱う店舗は、少なくとも平日の9時から15時までは窓口を開けていなければならなかったが、2016年8月の規制緩和によって短縮できるようになった。取りうる選択肢として、昼休みの導入、開店時間の繰下げ、閉店時間の繰上げがあるが、現在の事例を見る限り、昼休みを導入する金融機関が多いようである。職員が一斉に休憩を取れるため、交代要員を抱えなくてよい分、少ない職員数で営業することができる。導入されているのは、過疎地など利用者が減ってきた店舗が中心である。

さらに、2018年8月からは平日を休業日とすることも可能になった。金融庁が想定する例として、近接する二つの店舗の片方を月曜日、水曜日、金曜日のみの営業、もう片方を火曜日と木曜日のみの営業とすると、少ない職員で2店を運営することができる。

(4) デジタルチャネルへの誘導・手引き

店舗再編を促進させるための取組みとして、三井住友銀行の「デジタルスペース」が挙げられる。デジタルスペースは、2018年5月に同行新宿支店のリニューアルオープンにともなってATMコーナーに併設された施設である。テーブルとイス、タブレット端末が備えられており、ATMを利用しに来た顧客をスペースに誘導し、常駐する職員の手引きでインターネットバンキングを体験してもらうことができる。いままでインターネットバンキングを使ったことのなかった人にも利用を促すこ

とで、コストのかかるATMや店舗窓口の抑制・削減に繋げる意図があるものとみられる。

　取り上げた銀行等の店舗再編の動きをまとめると、店舗の統廃合のほか、地域の実情に合わせ機能や営業時間を絞ることも行われている。さまざまな選択肢があることを認識しておくべきだろう。

4．JAの事例

　それでは、JAではどのような取組みが進められているだろうか。

　JAと他業態を1店舗当たりの預貯金残高や職員数で比較すると、一般的にJAの店舗は規模が小さいという特徴がある。また、かなり昔に建てられた店舗をそのまま使い続けており、現在の利用者の居住地域や交通状況と合致していない店舗も多いとみられ、再編の必要性を感じているJAは少なくないと推察される。

　半面、銀行の場合は店舗再編を銀行側の決定のみで進められるが、JAは協同組織金融機関であって組合員が所有する構造のため、再編にあたっては組合員の理解を得られるかが一つの鍵となる。

　筆者が行ったヒアリング調査に基づき、JAの再編事例を紹介する。

(1)　JA邑楽館林

　JA邑楽館林は2009年3月、3JAの合併で誕生したJAで、群馬県南東部の館林市、板倉町、明和町、邑楽町、千代田町、大泉町を事業エリアとしている。店舗に関して合併当初より課題になっていたのは老朽化である。一部には築50年近いものもあり、メンテナンス費用の負担が重くなっていた。また、組合員・利用者の高齢化への対応として、設備のバリアフリー化も必要であった。来店が困難な組合員・利用者が増えることが見込まれたため、渉外を充実させて出向く体制を強化する必要があったが、店舗やその営業エリアが小さく、それだけのことをする人的余裕がなかったのも課題であった。店舗再編はこれらへの対処としてスタートした。なお、再編前の店舗形態は金融・共済・営農経済事業を行

っているが、再編後は金融共済店舗と経済事業集約店舗である「あぐり」店舗に分かれ、それぞれのビジョンに従い再編に取り組んでいる。

　以下では、金融共済店舗について説明する。

　同JAでは検討の末、22あった店舗を10の金融共済店舗と別途四つの営農経済拠点店舗に集約する再編案が立てられた。その概要は次の通りである。まず事業エリアを組合員・利用者の人数や事業量を勘案して地区分けする。具体的には、館林市内を5地区に分け、残る地域は行政上の町域をそのまま地区として使う。地区の数は10となる。新しい金融共済店舗の立地は各地区の中心あたりで、役場の近くなど交通の便の良い場所にする。既存店舗のうち2店舗はたまたま中心に近いところにあった旧店舗を継続するが、8店舗は新規に用地を取得して建てる。

　再編事業は2015年度から2期6年かける計画で始まった。

　店舗再編案は、JAの支部長、女性会、青年部、出荷組合等において開催した座談会で説明した後、2014年12月の臨時総代会で提案し承認された。各種会議体において「新・店舗づくり」というカラー刷りのパンフレットで概要をわかりやすく説明した。

　パンフレット冒頭では、JAが店舗再編で「自立した『実行力』のある利用者目線の店づくり」を目指すとし、新しい店舗網で組合員・利用者に質の高いサービスを提供するために取り組んでいくことを提示した。そして、旧店舗が管轄するエリアの小ささを説明し、設備の老朽化や組合員・利用者の高齢化についてはデータで示し、店舗再編の必要性を訴えた。さらに、地図と文章で10の地区分けの概要を示した。

　新店舗は用地取得ができたところから建てており、ヒアリングを行った2018年12月時点では二つの新店舗が営業を始めている。新店舗では店舗内を利用者スペースと職員スペースに分け、利用者スペースを広めにとった。明るくきれいになったため利用者にとって入りやすくなったほか、ユニバーサルデザインの採用で使いやすくもなった。

　また、店舗統合に合わせてオンライン・テラーズ・マシン（OTM）やオープン出納システムを導入したことにより、業務の効率性も向上した。生まれた余力で出向く体制を強化し、以前より積極的に組合員・利

用者とコミュニケーションを取るようにした。とくに、組合員・利用者から電話連絡を受けて渉外担当者が訪問する体制が好評で、多くの利用があるという。1店あたりの渉外担当者が増えたため、若手の教育が効果的にできるようになったことも大きい。

人的余力ができたことで、統合後の店舗で独自のイベントを開催する機会も増えているという。イベントの内容は女性部によるお菓子作り教室、クリスマスのリース作りやナシの即売会などである。近隣の住民向けにポスティングをして、参加を募っている。イベントの開催以外でも、イルミネーションの飾りつけを行うなど、店舗を居心地の良い空間にする工夫もできるようになった。

以上の結果、再編が済んだ2店舗で開店の半年後に地区の組合員向けにアンケートを実施したところ、8割以上が新店舗の印象や新店舗を利用しての感想として「良い」と評価する結果となった。また、非組合員の新規利用者も増えているようだ。

(2) JA わかやま

JA わかやまは、1993年10月に6JAの合併によって誕生し、1999年にさらに1JAと合併して現在の形となった。事業エリアは和歌山県和歌山市であり、都市部から農村地帯までを含んでいる。

再編前の店舗には大きく三つの課題があった。一つは、全て旧街道沿いにあったことである。店舗に面した道路は建設当時にはメインストリートであったが、新しい道路が敷設されると徐々に人や車の流れが変わり、通行量が減っていった。とくに、若い世代は店舗がどこにあるかわからず、問い合わせを受けることも少なくなかった。

二つ目は規模が小さかったことである。もっとも小さい店舗では支店長を含め5人の職員で信用事業、共済事業、営農経済事業を運営していた。兼業農家の割合が上昇し、土日に資材を買いたいというニーズが高まったことや、防犯体制を強化する必要もあった。そのため、店舗の再編・強化が求められた。

三つ目は、信用、共済、営農・経済のどの事業においても職員に求め

られる知識が高度化したことである。旧支店では小規模ななかで1人の職員が複数の担当をしていたが、それがむずかしくなり、事業別に専門性の高い職員を配置する必要が出てきた。

2008年に事業改革として、営農センターの設置と支店機能の再編に着手した。新店舗の数や配置を考えるうえで、まず事業エリアを5ブロックに分けた。営農センターは1ブロックに1店ずつ、金融共済店舗は事業量や組合員・利用者数などから数や配置を考えた。とくに、複数店舗を1店舗に統合する際には、新店舗の立地を組合員・利用者の利便性やさまざまな地区の状況から検討した。渉外担当者が効率的に回れる範囲も考慮した。併せてOTMやオープン出納システムも導入することとした。

こうして29の旧店舗を金融共済特化型店舗と営農センターに集約する計画をまとめた。組合員に対しては地区別事業報告会で、営農センターの設置により担い手への高度な知識を必要とする営農指導が可能となり、兼業農家には休日の営農指導や生産資材の供給が可能となるなど、利便性が向上することを説明するとともに、店舗が抱えている立地や規模の課題を理解いただき、解決のためには店舗再編が必要だと訴えた。その結果、新しい店舗は交通の便が良くなり、渉外力も強化されるため、利便性が向上することを納得してもらうことができた。

再編計画は2009年の総代会で説明した。

店舗再編は用地取得ができ次第実行に移しており、19年1月現在、4ブロックが実現し、残り1ブロックの目途も立っている。渉外力強化の方針に基づき、店舗から遠い組合員には訪問頻度を増やし、営農センターでは資材を休日にも配達することを始めた。そのため、来店が困難な人にも便利になっており、利用者からは好評を得ているという。強化のための人員は、統合で効率化した分を充てている。店舗が新しく入りやすくなったことに加えて、新規開店に合わせて行ったPR活動により、新規利用者も増えたという。

(3) 利便性が向上するかが鍵

　両JAで店舗再編がスムーズに進んだ理由は、事前に店舗が置かれている課題を組合員・利用者と共有し、再編によって利便性向上などのメリットが大きいことに納得してもらったことである。いずれの事例においても、店舗の小ささが課題の一つとなっていたが、店舗の統合と新型OA機器導入で生まれた余力をサービスの向上に使い、組合員・利用者の満足度向上につなげることができた。つまり、老朽施設の更新にとどまらないメリットを打ち出せた。

　さらに、組合員とのコミュニケーションにも工夫があった。両JAとも、まず店舗再編の総論について説明して承認を得、合意を形成した。単純に店舗を統廃合するのではなく、事業エリアを地区分けしたうえで新店舗網を構想したことも合意の形成に奏功したと思われる。

　加えて、サービス向上の点に関し、渉外活動の強化を効果的に行っていることが両JAに共通していることにも注目したい。既存利用者に対しては、効率化で捻出できた人員を充てることで渉外活動を強化している。店舗が新しくなったことに加えてPR活動もすることで、新規利用者も増えている。

5．チャネル全体を考えた再編が必要

　新しいチャネルの普及や人口動態への対応として、金融機関は店舗再編を本格化させようとしており、これから店舗再編が求められるJAも少なくないと思われる。事例として取り上げた2JAのように、現状の店舗網では対応できない利用者のニーズに気づき、それを解決する立案ができれば、店舗再編を利便性の向上につなげられるだろう。

　忘れてはならないのは、店舗再編はチャネル再編というより大きな流れの一部であることだ。組合員・利用者の新しいニーズに応えるため、デジタルチャネルをはじめとする他のチャネルをよりよくしていくことも重要である。JAの利用者には高齢者が多く、新しいチャネルに馴染みがない人も多い懸念はあるかもしれない。しかし、他業態の事例のよ

うに、職員がインターネットやJAネットバンクの手引きをする取組み
により、利用を始める人が増える可能性はある。店舗への移動が困難に
なってきた高齢者がインターネットバンキングの利用方法を習得できれ
ば、JAへのロイヤルティーも高まり、双方にメリットがあるだろう。

　また、広く金融サービスへのアクセスを確保するという観点からは、
移動店舗車の導入や既存店舗の軽量店舗への転換、法律の整備が進んだ
営業時間短縮といった施策も選択肢に入るであろう。組合員・利用者と
JAにとって望ましいチャネルのあり方を再検討する時期に来ている。

（2019年３月号掲載）

第12章

特性を活かした
JA信用事業の展開

斉藤　由理子

　はじめに

　本章は、地域金融機関としてのJAの特性、特徴と現状を概観したうえで、今後のJA信用事業の経営戦略を考えるうえでの参考として、協同組合であること、総合事業、そして系統組織（JAバンクグループ、JAグループ）というJAの特性を活かした取組みによって成果をあげている事例を紹介する。

　1．地域金融機関としてのJA信用事業の特徴

　地域金融機関とは、一定の地域の住民や企業を基本的な取引基盤とする金融機関であり、地方銀行、第二地方銀行、信用金庫、信用組合、郵便局などがある。農業協同組合（以下JA）も正組合員が農業者に限定されているが、一定の地域を基盤とするという意味で地域金融機関といってよいだろう。
　JAは、①協同組合、②総合事業、③系統組織、という三つの特性を持ち、この特性のもと、JAには、地域金融機関として、以下の四つの特徴がみられる。

第1に、個人リテール中心ということである。JAの組合員は、正組合員（農業者）も准組合員（主に地域住民）も、ほとんどが個人である。協同組合の員外利用規制もあるため、JAの貯金と貸出金を含め各種の金融サービスの利用は、個人中心となる。

　第2に、貯貸率が低いことである。正組合員である農業者は高齢化が進んでおり、持ち家比率も高いことから、農業のための借入も住宅のための借入も低迷している一方、兼業化や土地代金の流入等で農家の金融資産は増加し、農家の預貯金に対する借入金の比率は低い。このことがJAの貯貸率が低いことの主因となっている。また、農業者に限らず、資金余剰主体である個人が利用者の中心であることも、JAの貯貸率が低い要因としてあげることができる[※1]。

　第3に、店舗数の多さである。農林中金総合研究所「農協残高試算表付属資料」によれば、17年度末の信用事業を営む店舗数は7,825でゆうちょ銀行についで多く、民間金融機関ではもっとも多い。もともとJAそのものの数が多かったことから、本店も含めたJAの金融機能を有する店舗数は多い。たとえば1971年度末には16,585（本店＋貯金業務を行う事務所）であり、その後の農協の合併や店舗再編を経て店舗数は減少し、現在の店舗数となっている。

　店舗を機能面でみると、金融に特化している店舗も、購買事業等の他事業の機能も備えた店舗もあり、農家組合、女性部、青年部など組合員組織の事務局を担っている店舗もある。このため、金融機関経営の効率性だけから店舗の立地や統廃合の判断をすることはむずかしい。また、協同組合であるため、店舗の廃止や統廃合には組合員の同意が必要である。これらのことが、今日のJAの店舗が相対的に多い背景にあると考えられる。

　第4に、農業融資全体に占めるシェアは、民間金融機関の中ではJAがもっとも高いことである。正組合員は農業者であり、JAの農産物販売、生産資材の購買等の事業を利用することが多く、またJA職員は農業に関する専門性が高いことからも、農業資金の借入に際してJAを利用する場合が多くなっている。

第12章　特性を活かした JA 信用事業の展開

2．地域金融における JA 信用事業の存在感

　図表1は、金融ジャーナル調べによる、2017年度末の全金融機関の店舗数と、全金融機関に占めるJAの貯金、貸出金、店舗数のシェアを、都道府県別にグラフ化したものである。

　全国平均でみたJAのシェアは、貯金で8.2％、貸出金が3.4％、店舗数では14.4％となっている。個人リテール中心（このため、法人との取引を含めた他業態の預貯金、貸出金に比べシェアは相対的に低くなる）、低い貯貸率（貸出金のシェアが貯金のシェアを大きく下回る）、店舗数が多い（店舗数のシェアが、貯金・貸出金のシェアを大きく上回る）というJAの特徴が反映された水準といえるだろう。

　一方、都道府県別のデータを全国平均と比較すると、東京や大阪など、収益性や効率性を求めて他の金融機関の預貯金、貸出金や店舗が集中し

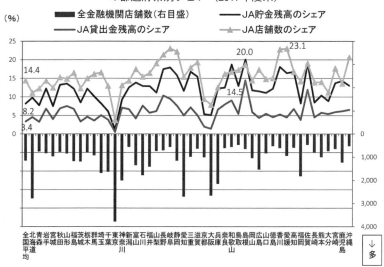

図表1　全金融機関店舗数と JA の貯金・貸出金・店舗数の都道府県別シェア（2017年度末）

資料　「月刊金融ジャーナル増刊号金融マップ　2019年版」
注　全金融機関は、都銀、信託、その他銀行、地銀、第2地銀、信金、信組、労金、JA、ゆうちょ銀の合計。国内銀行勘定のみ。JA の店舗数は貯金業務を営む本所・支所。

ているところでは JA のシェアが大変低いことがわかる。また、このことが全国平均でみた JA のシェアを押し下げていると考えられる。

全国平均を上回っている都道府県の数は、貯金で41、貸出金で40、店舗数では30となっている。島根県では貯金のシェアは20％を上回っており、貸出金では島根県、佐賀県がシェア10％以上、また店舗数は、愛媛、香川、岐阜、静岡、長野で20％以上であり、他の金融機関が少ない地域で JA が高いシェアを占めており、その存在感が示されている。

大都市や地方の中核県に集中するという金融機関の偏在に対して、JA がそれを緩和する機能を果たしているという指摘もある[2]。

こうした JA 信用事業の地域における存在感については、前述のとおり、店舗をめぐる歴史、機能、組合員との関係性による店舗の多さが一つの要因と考えられるが、加えて、収支面からも支えられてきたといえるだろう。

図表2のとおり、2016年度における JA 信用事業の利ざやは0.21％で、地銀の0.19％、信金の0.10％を上回っている。これは次の二つの要因による。

第1に、調達資金原価が低い水準にあるためであり、これは JA では貯金に占める定期性の比率が高いために金利コストは高いが、一方で人件費や物件費などの間接費が他業態を大きく下回っているためである。

第2に、この10年間の変化をみると、利ざやの縮小幅が地銀、信金に比べ小さいためである。これは運用資金利回りが他行ほど低下しなかったことによる。JA でも貸出金の伸び悩みや貸出金利回りの低下によっ

図表2　JA、地銀、信金の調達資金原価、運用資金利回り、利ざや

（単位　％、％ポイント）

		JA	地銀	信金
2006年度	調達資金原価	0.88	1.29	1.47
	運用資金利回り	1.15	1.72	1.90
	利ざや	0.26	0.43	0.43
2016年度	調達資金原価	0.67	0.87	1.05
	運用資金利回り	0.88	1.06	1.15
	利ざや	0.21	0.19	0.10
増減	調達資金原価	△ 0.21	△ 0.42	△ 0.42
	運用資金利回り	△ 0.27	△ 0.66	△ 0.75
	利ざや	△ 0.05	△ 0.24	△ 0.33

資料　農林水産省「総合農協統計表」、全国銀行協会「全国銀行財務諸表分析」、全国信用金庫協会「全国信用金庫財務諸表分析」

注　JA の調達資金原価は、資金調達費用＋信用部事業管理費（他部門からの配布額含む））/預金・有価証券・貸出金平均残高。

て貸出金利息が減少したが、一方、信連、農林中金による内外での資金運用によって、JAの預け金利息の水準は保たれてきたためである。

 ## 3．変化する環境

　長期間にわたる超低金利、人口減少、地域経済の縮小、IT化の進展など、地域金融機関を取り巻く環境は大きく変化し、また厳しいものとなっている。

　このような経営環境の変化に対して、地銀、信金等各地域金融機関はさまざまな戦略で対応している。超低金利等による金利収入の減少に対しては、不動産を中心にした中小企業向け貸出や住宅ローン、消費者ローンの増加、投資信託販売等による非金利収入の拡大、本店所在県以外の大都市圏や県庁所在地など需要と成長が見込める地域への事業展開などが行われている。また、地域創生や地域経済活性化への取組みにより、中期的な事業基盤の維持・活性化を図る動きもある。合併をはじめとして効率化や機能強化のための事業再編も進められている。信金、信組などを中心に、限られた営業地域で生き残りを図るための「深掘戦略」を選択する動きもあることが、第3章の古江論文「マイナス金利政策下における地域金融機関の経営戦略」(29頁)で紹介されている。

　地域金融機関を取り巻く環境の変化は、JAにおいては、次のように事業と経営に、大きく影響すると考えられる。第1に、正組合員である農業者の高齢化は他産業以上に進んでおり、組合員の減少、相続による影響は大きい。第2に、人口減少が大幅な地域に展開するJAも多い。第3に、超低金利の継続によって、JAにとっては貸出金利息の減少だけでなく、農林中央金庫、信連の運用収益が減少し、これまでJAの経営を支えてきた預け金利息の減少につながることが懸念される。

　こうした環境変化を踏まえ、JAバンク（JA・信連・農林中金）の中期戦略（2019～2021年度）は、「組合員・利用者目線による事業対応の徹底に最優先に取り組むとともに、あわせて、持続可能な収益構造を構築することで、『農業者・地域から評価され、選ばれ、一層必要とされるJA

バンク』を目指します」とし、その実現のために、①農業・地域の成長支援、②貸出の強化、③ライフラインサポートの実践、④組合員・利用者接点の再構築、を四つの柱として、重点的に取り組むこととしている[※3]。

4．JAバンクの特性を活かす

　厳しい環境のもとで、組合員・地域のニーズに、より適切に対応しつつ、持続可能な収益構造を構築するためには、上記のような方向性をベースに、金融商品、システム、人材、体制等の機能強化が不可欠であろう。そのためにも、JAの強み、JAバンクの強みである、①協同組合、②総合事業、③系統組織（JAバンクグループおよびJAグループ）、という特性を生かすことが効果的と考えられる。
　以下では、これらの特性を生かし、成果をあげている三つの事例を紹介したい。

(1)　組合員ニーズに対応し事業を広げる JA 山形市

　JA山形市は山形県の県庁所在地山形市を事業エリアとし、17年度の組合員数5,895（うち正組合員1,273）、職員数94名、支店は7か所（アグリセンター、ガーデンテラス七日町含む）であり、信用、共済、不動産事業中心の比較的小規模なJAである。貯貸率は55％で、全国平均の20％に比べかなりの高水準にある。
　「組合員のため、地域のため」に役職員が行動することで、JAは組合員、地域との信頼関係を構築している。そのために重視しているのが、組合員、利用者との面談である。
　JAでは「知的福祉サービス」と名付け、年金手続き相談、相続手続き相談、遺言信託相談、確定申告などの税務相談、債務整理などのさまざまな相談業務に取り組んでいる。職員の若い層を中心に各支店に配置された「くらしの相談員」は、組合員を訪問し、コメの配達、貯金の預かり、ローン相談、JA共済の提案をするだけでなく、相談業務の窓口となっている。また、くらしの相談員だけでなく、役員、支店長・次長、

第12章　特性を活かした JA 信用事業の展開

本店職員、不動産センター職員など、一人の組合員に何人もの JA 役職員が面談をする重層的な相談体制がとられている。

　サービスの利用者拡大は、信頼関係を構築した組合員・利用者から、その家族や親戚、知人や隣近所などに利用者が派生し、枝分かれして伸びていくことを基本としている。JA は多重債務相談も行っているが、多重債務問題を抱えた人は親戚や弁護士から JA に相談するようにと勧められ、紹介されてやってくる。面談も含めた高品質なサービスの提供が、このような利用者拡大のスタイルを可能にしている。

　時代の変化と組合員のニーズに合わせて、JA は新たな事業に次々に取り組んできた。山形市内の農地が市街化区域に編入され資産価値が高まり、組合員が相続にともなう土地売却や相続税の申告が必要になったことから、JA では1973年から不動産業務を開始、74年からは臨時税理士の許可を得て確定申告の受付を行うようになり、相続相談も開始した。1980年代後半の地価高騰期には、組合員に、農地を利用してアパートを建設し収益に転換しようと提案した。アパート経営に関しては、不動産部門が企画、建設、リフォーム、入居者の仲介、管理を行うとともに、賃貸建設資金の融資、共済、LP ガス供給、収支の記帳代行など、JA の総合事業が有機的に結びついて、多面的なサポートを行っている。

　組合員と利用者の高齢化が進展するなかで、06年からは遺言信託代理業務を開始、16年にはサービス付き高齢者賃貸住宅ガーデンテラス七日町で、健康福祉事業を開始した。

　また、この地域は「山形セルリー」の東北随一の産地であるが、その産地維持に向けた「農業みらい基地創造プロジェクト」を14年8月に立ち上げた。JA が事業主体となって山形セルリー団地を整備し、規模拡大を志向する担い手と新規就農者が利用し、生産額も拡大している。18年には「山形セルリー」は地理的表示保護制度（GI）に登録された。

　プロジェクトのきっかけとなったのは、JA 山形市野菜園芸専門委員会セルリー部長で「山形セルリー」栽培のレジェンドと呼ばれる会田和夫氏が、JA 役員と組合員が農業の課題を共有する場である農業相談日に、このままでは「山形セルリー」の産地が消滅してしまうと問題提起した

155

ことであった。

　「迷ったらその事業が組合員のためになるかならないか考える。そうすれば間違うことはない。」とJAの佐藤専務は語る。組合員、地域のためを基本に、面談を重視し、ニーズに対応した事業に取り組んで、高品質のサービスを提供してきた成果が、収益面にもあらわれている。17年度の税引前当期利益2億8千万円のうち、信用事業が50％、次いで不動産事業45％、生活資材等事業19％、共済事業が15％を占めており、組合員の賃貸住宅経営等を支える多様な事業が営農指導事業と農業関連事業の赤字を補い、利益に寄与している。また、相続・事業承継手続きトータルサービスやサービス付高齢者賃貸住宅など新たに収益化した事業が、最近の低金利等による貸出利息の減少を補っている。

(2)　茨城県信連と全農茨城県本部が連携して農業法人に対応

　第8章の藤田論文「JA信用事業の渉外活動における諸課題」（97頁）では、JAにおける総合事業性と事業間連携について検討したが、ここでは、県域の連合会が連携することで、JAグループの総合事業性を活かし成果をあげている事例を紹介したい。

　茨城県は北海道、鹿児島県に次ぐ全国第3位の農業県であり、17年度の農畜産物生産額は4,967億円で、白菜、れんこん、メロン、ピーマン等、全国第1位の農産物も多い。一方、16年度のJAの農産物販売取扱高は1,372億円で全国9位にとどまり、農産物販売のJA利用率は28％と全国平均の50％を大きく下回る。法人中心にJA離れをした大規模な農業生産者が多いことがうかがえる。

　今後、農業者の高齢化、離農により農業法人等への農地の集積は一層進む。地域農業における農業法人の存在感がますます高まるなかで、そのニーズへの的確な対応はJAの重要な課題である。JAの対応がむずかしければ連合会が対応する場合もある。信用事業であれば信連、農林中金が対応することになる。茨城県信連では「法人や大規模農家をJAがグリップしないと地域農業がバラバラになるのではないか。全農県本部と信連で、JAが大規模経営層とリレーションをとるためのきっかけ

第12章　特性を活かしたJA信用事業の展開

を作れたら」と思考してきた。

　そうした思いもあり、16年度から茨城県信連と全農茨城県本部（以下、「信連」、「県本部」という）は連携して農業法人に対応し、成果をあげている。

　両者が連携する業務の一つが、「JAグループ茨城農畜産物商談会」である。初年度の16年度に茨城で開催した商談会への産地側の参加者は6JAと13法人だったが、18年度には、大阪で8JAと10法人、東京では12JAと21法人と参加が拡大、商談数、来場社数も大幅に増加している。

　商談会への参加を農業法人に働きかけているのは、県本部の担い手支援室である。16年度から県本部の担い手支援室に県本部職員3名のほか信連職員2名も席を置き、信連職員と県本部職員1名ずつがペアになって、法人を訪問している（以下、「専担チーム」という）。

　担い手支援室の信連職員に話を聞くと、信連職員だけでは、農業法人に資金の借入ニーズがなければ会話が続かないことも多く、頻繁に訪問することはむずかしかったが、県本部職員との同行訪問で、農産物の販売や生産資材の購買など幅広い話ができるようになり、訪問回数も増えたという（図表3）。県本部の職員は、農業法人に農業用機械についての購入希望があり資金の借入が必要な場合には、信連が対応できるため、成約につながりやすいと話す。

　1996年から、県本部は青果物について、販売先のニーズに合わせて選別や包装加工を行うVFステーションを核に、契約取引など多様な販売

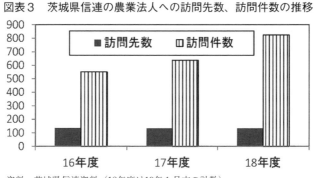

図表3　茨城県信連の農業法人への訪問先数、訪問件数の推移

資料　茨城県信連資料（18年度は19年1月末の計数）

を行うVF事業を行っている。VF事業は、契約取引中心で価格が安定していることや、パッケージ機能によって生産者の省力化にもつながることから、その利用は農業法人にとっても魅力となっている。

JAバンクの農業所得増大・地域活性化応援プログラムを活用した新規就農研修支援事業や農業機械導入助成事業も、農業法人へのアプローチに効果的であった。

専担チームが成果をあげた事例をみてみよう。白菜、ナス等の生産・販売とネギ等の仕入れ販売を行う農業生産法人に、信連は2013年度の新規就農研修支援事業の活用を契機にリレーションの構築を図ってきた。16年からは専担チームが恒常的な訪問を行うなかで、関連会社への白菜供給の余剰分の販売についての依頼を受け、県本部のVF事業を提案したところ、当事業の契約販売につながった。また、土壌診断と適正施肥を提案し、JAからの肥料や土壌改良剤の購入にいたった。これらの対応に合わせ、資金繰り安定化を目的とした短期運転資金枠の設定を提案した結果、17年に信連との新規取引が実現した。

また、水稲、麦、大豆、ソバに加え作業受託を行う土地利用型の大規模農業法人は、10年から信連が継続的にアプローチを行ってきた先である。16年から専担チームが恒常的に訪問し、資材価格低減となる肥料の提案をしたところ成約にいたり、JA経由で供給することとなった。また、農業機械導入助成事業を紹介したところ、JAから乾燥機を購入することとなり、助成金を交付した。さらに、商談会への出展が法人の販路拡大につながった。これらに合わせて短期運転資金枠の設定を提案した結果、信連との新規取引が実現した。

専担チームによる農業法人訪問の開始以降、信連の農業法人向け貸出残高および取引先数は増加している。農業法人の生産資材の購買はJA経由、設備資金の借入需要がある場合はJAが近代化資金等で対応しており、JAとの関係構築にもつながっている。信連は、主に運転資金の需要に応えている。

信連と県本部の連携で、農業法人のニーズに合致するさまざまな提案とサービスの提供が可能となったため、農業法人の満足度は高まったと

第12章 特性を活かしたJA信用事業の展開

考えられる。だからこそ、信連、県本部、そしてJA事業の拡大につながっている。

(3) 県域共同運営態勢でグループの総合力を活用するJAバンク神奈川

　JAバンクの強みの一つは、JA、信連、農林中金のJAバンクグループ、さらに信用事業以外の連合会も含めたJAグループ各組織の連携による総合力である。総合力の発揮により、組合員・利用者のニーズへのより的確な対応が可能となるし、業務の集約化や効率化でコスト削減も期待できる。

　総合力をどのように発揮するか。県域共同運営態勢によってグループの総合力を実績につなげているJAバンク神奈川の取組みから考えたい。

　神奈川県信連では、2010～2012年の中期戦略策定に際し、「2020年ビジョン：実質一つの金融機関として機能」を作成、組合員や利用者との接点に注力するJAをバックアップするものとして「JA・信連・連合会の県域共同運営態勢」（図表4）を打ち出した。

　共同運営態勢には、県域企画機能や県域事務集中センターなど主に業務の集約化や効率化を実現する機能と、県域ローンセンターなど利用者ニーズへの対応力を高める機能が含まれている。

　以下では、後者の取組みを中心に紹介したい。

図表4　JA・信連・連合会の県域共同運営態勢

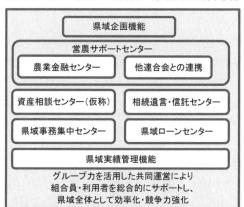

資料　「JAバンク神奈川平成30年度金融事業推進方策」
注　上記資料より筆者が抜粋・加工。

04年に信連は県域ローンセンターを設立したが、その力を十分発揮する契機となったのは、12年の信連の県下JAとの特定信用事業代理業務委託契約締結である。住宅ローンの住宅関連業者営業（以下、「業者営業」という）とローンの一次審査を信連が行うことになり、業務を13年に開始した。
　業者営業を始めた当初、その成約率は3割程度に留まったが、業者の信頼を得、センターの審査水準や条件について理解されると、よい案件が紹介されるようになり、成約率は上昇した。業者営業のため、JAでまちまちだったローンに関する諸施策も統一した。
　信連のローン営業班では、18名の職員が住宅ローンの業者営業を行っている。うちJAからの出向職員は14名で、出向期間は2年間。座学的研修と審査業務を3か月ほど経験し、住宅ローンの流れを理解したうえで、業者営業を行う。出向者は、JAの地元に根差した住宅メーカーを中心に訪問し、実績はJAの実績となる。同じ業務に携わるJA職員が一か所に集まることで意欲も高まるという。
　こうした取組みの結果、住宅ローンの新規実行金額は県域ローンセンターによる特定信用事業代理業を中心に増加している（図表5）。また、神奈川県の18年3月末のJA貸出金残高19,380億円のうち、賃貸住宅資金が54%を占め、住宅ローンは27%とその半分だが、この5年間で住宅ローンは2千億円増加、貸出金全体も2千億円増加した。
　県域ローンセンターが、住宅ローンおよび貸出金全体の増加に大きく

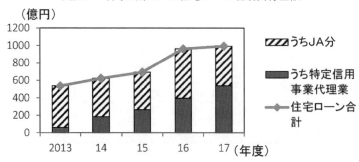

図表5　神奈川県JAの住宅ローン新規実行金額

資料　JAバンク神奈川「JAバンク神奈川における住宅市場への推進状況」

第12章　特性を活かした JA 信用事業の展開

寄与している。

　また、首都圏という立地から、資産相談や農地保全、相続への組合員の関心が高いため、信連は01年から信託業務を、06年から遺言信託・遺産整理業務を開始、県内 JA が遺言信託代理店となっている。信連には信託銀行の退職者が財務コンサルタントとして採用され、信託業務と JA の出向職員の指導を担っている。

　10年度からは、JA から信託トレーニーを受け入れている。さらに15年度には、遺言信託業務についての JA・信連の共同運営態勢を開始し、信連で一定期間、遺言信託業務を経験した職員を JA 財務コンサルタントとして受け入れている。

　JA の信託トレーニーと JA 財務コンサルタントの出向前後のイメージは、①JA で遺言信託担当者として相談対応（1－2年）、②信託トレーニーとして県信託センターにおいて財務コンサルタントによる実践指導（1年）、③JA 帰任後、営業統括部署において専任担当者として営業店の推進・指導・管理（1年）、④JA 財務コンサルタントとして県信託センターに出向（2年）、⑤JA 帰任後、営業統括部署において営業店の指導等はもとより、組合員からの相談に適宜対応する、というものである。

　JA・信連の共同運営態勢導入後には、JA 内での遺言信託業務の浸透が図られたことから個別相談件数が増加し、その結果、遺言信託の取り扱い件数は現在も堅調に推移している。

　JA と信連の連携にとどまらず、中央会と他の連合会も含めた連合会の事業間連携による JA へのサポート機能の強化の動きも始まっている。

　第1は、事業間連携による資産相談機能の強化である。中央会・連合会間のネットワークを構築し、利用者に総合的なコンサルティングを提供するため、18年にその運営事務局として信連に資産相談班を設置し、専任で2名の財務コンサルタントを置いた。

　第2は、営農サポートセンターであり、17年から JA グループ神奈川ビルのワンフロアに中央会、信連、全農、共済連の担当者が集まり、JA の営農の人材育成、新たな販売企画、農業金融、農業経営管理支援に取り組んでいる。

　ニーズはあっても JA が取り組んでこなかった、住宅ローンの業者営

業や信託業務に信連が中心となって取り組み、成果をあげている。最近では、共同運営態勢に、資産相談や営農支援も加わり、また中央会・連合会も含め連携の範囲も広がっている。JA職員もともに業務に携わることで、県域だけでなくJAの専門性も向上している。

組合員・利用者のニーズに添い、環境の変化やJAバンクの将来像も踏まえた、サービスの拡大と質的な向上が、JAグループの総合力を発揮することで可能となっている。

むすびにかえて

三つの事例に共通するのは、第1に、JAや連合会が組合員、利用者との面談・訪問などを重視していることである。第2には、組合員、利用者のニーズに合わせたサービスの提供をするために、新たな事業に取り組み、必要な体制をとり、専門性を高めていることである。そこには、協同組合、総合事業、そして系統組織というJAの特性が随所で活用され、発揮されている。第3に、こうした取組みが事業の成果につながっているが、それは組合員、利用者の満足度が高まっていることを反映したもの考えられる。

農産物輸入自由化の一層の進展や農業者の高齢化、地域における人口減少や経済の縮小など、農業や地域を取り巻く環境は厳しく、さまざまな課題を抱えている。これらの課題解決の一翼を担うことが、JA信用事業にも求められている。三つの事例の共通点としてまとめたように、農業や地域の課題解決のためには、協同組合として当然の行動である、「組合員、利用者の声を聞き、農業や地域に必要な事業に取り組んでいくこと」がベースであり、それには総合事業や系統組織というJAおよびJAグループの特性を活用していくことが役立つのではないだろうか。

(2019年4月号掲載)

※1　斉藤(2017)は農協の低貯貸率の背景について分析している。
※2　高林(1997)は1994年、1995年のデータに基づき、農協も含めた金融機関の分析を

行い、「農協が預金や生命保険などの金融サービスの地域的偏在を緩和するうえで貢献している」と指摘している。

※3 農林中央金庫（2018）

〈参考文献〉
・佐藤安裕（2017）「JA にとって信用事業はなぜ必要か」JAcom 農業協同組合新聞電子版 2017年 3 月13日（新世紀 JA 研究会での講演記録）
（https://www.jacom.or.jp/noukyo/rensai/2017/03/170313-32235.php）
・斉藤由理子（2017）「信用事業にみる農協の意義」『農業協同組合経営実務』2017年 2 月号
・JA バンク神奈川（2018）「JA バンク神奈川平成30年度金融事業推進方策　JA バンク自己改革の完遂と2020年ビジョンの実現に向けて—第 3 章—」
・高林喜久生（1997）「金融活動の地域的偏在と公的金融」『経済学論究（関西学院大学）50巻 4 号』P.81
・農林中央金庫（2018）「JA バンク中期戦略（2019〜2021年度）について」
・山形市農業協同組合（2018 a）「山形セルリー　JA 山形市農業みらい基地創生プロジェクト」
・山形市農業協同組合（2018 b）「第70回通常総会資料」

第 3 章第 2 節は、斉藤由理子「県段階における事業間連携の成果—茨城県信連と全農茨城県本部の連携による農業法人対応」、第 3 節は、同「JA グループの総合力をどう発揮するか—JA バンク神奈川の県域共同運営態勢」（どちらも農林中金総合研究所「農中総研情報」2019年 3 月号）を加筆修正して転載。

あとがき

　本書はJAをはじめとする地域・協同組織金融機関の事業に焦点を当て、現状と課題を明らかにしようとしたものである。題材は多岐にわたり、JA、信用金庫や地方銀行、さらには欧州の協同組合銀行も取り上げたが、結局はJA信用事業の参考になるよう意図している。

　この「あとがき」では、「はじめに」で提起された問題に対し、本書のなかの素材を使って考えを巡らせてみたい。それが、ややパッチワーク的に見えるかもしれない本書の締めくくりとして適していよう。

　「はじめに」では、JA信用事業が直面している二つの課題が取り上げられた。一つ目は政府が農協改革を進めようとしているなかで信用事業の意義が問われていること。二つ目は極めて強力な金融緩和政策により収益を上げにくくなっていることである。後者に関してはJAだけのものではない。海外に出られない地域金融機関であれば、共通する難題である。現状、預貸金利差はほとんど0であるうえ、融資の額を今以上に拡大して利鞘の縮小を補うことも難しい。そのうえ金融監督当局からは、地域密着型金融への要求が強くなっている。

　この難局を乗り切るための策としては、費用を削減して効率性を高めることに加え、収益向上のため融資に他とは異なる価値を付けること、あるいは今まで見過ごしてきた金融ニーズを捉えること、といったものが挙げられる。本書で取り上げられている他業態の例をみると、信用金庫は中小企業とのコミュニケーションを深め、常に新しい情報を把握することで、迅速な融資や経営判断支援を実現している。また地方銀行は農業融資という新しい事業分野に進出し、収益を上げようとしている。

　一方でJAはどうだろうか。収益性の高い事業をしようとする場合、組合員のニーズに適合していることが必要条件となる。JAがこれまでもニーズ把握のための取組みを行ってきたことは、衆目の一致するところであろう。しかし今JAにとって必要なのは、厳しい金融環境に対応

164

するため、これまで以上に深く地域に入り込み、潜在的なニーズを発掘し、対応していくことである。

この点は資金の貸付において特に重要である。農業融資についてみると、農業生産者の資金需要を把握するための取組みが様々に実施されているが、基本となっているのは訪問活動である。地方銀行等が農業融資に参入して競争が激化していることもあり、JAも渉外担当者の訪問活動を支え、強化していくための仕組みづくりが求められるようになっている。農業融資専任担当者の配置は、その有力な手段の一つである。農業以外に向けた融資においても、住宅建設業者に住宅ローン営業を行うことや、JAと取引関係のある企業の従業員向けに融資推進を行うことなど、資金需要を効果的に発掘するための工夫がなされている。JAは地域に結び付いた協同組織であるため、こうした戦略に適していると思われる。

近年は、人々のライフスタイルが変化し、ニーズが多様化していることへの対応も重要になっている。多様なニーズを把握し対応していくためには、従来の縦割りの事業構造だけでは限界があるため、事業間連携を促進し、JAの総合事業体としての特性を活かすことが鍵になる。具体的な施策の例として、総合情報システムを導入して利用者世帯の取引情報を共有できるようにし、渉外担当者の支援体制を整えることで実績があがっている。

ライフスタイルの変化への対応としても、また効率性向上策としても重要なのが、チャネルの再編である。金融取引の場が店舗からデジタルチャネルに移っていくなか、店舗の役割を見直し再編することで、組合員や利用者との繋がりを強化した事例がある。今後はインターネットバンキング等のデジタルチャネルを拡充する必要もあろう。効率性を高めながらニーズへの対応力を強化する戦略は、欧州の協同組合銀行の取組みでも共通している。欧州でも、インターネットバンキングなどを活用して効率化を進めつつ、担当者が地域に入り込んで農業や生産者の状況を的確に把握し、融資に結び付けている。

ニーズへの対応力や効率性を高めることを事業の「足腰の強化」に例えると、進む方向を決める「頭」もまた収益の向上に重要である。これは経営のビジョンと考えられる。もちろんJA信用事業のビジョンとは何かというのは、簡単には答えられない問いである。しかし、かつて産業組合制度ができた当時は明白であった。貨幣経済の浸透に伴い、農家に資金を供給することや、農村住民に良質な金融サービスを提供すること、それ自体が重要な責務であった。現在分かりにくくなっている原因の一端は、地域経済に占める農業の比率の低下や農家戸数の減少にあるが、周辺産業を含めると依然として農業の重要性は失われておらず、JA信用事業が金融を通して農業の発展と地域の繁栄に貢献することを目指すという点では変わっていないと思われる。

　この点について参考になるのは、ドイツの地域・協同組織金融機関の事例である。彼らは、再生可能エネルギーを地域に導入することが、持続可能な社会を作るためにも、また地域を活性化するうえでも望ましいというビジョンを持っている。そのうえで金融機関として再生可能エネルギー事業に対して資金を貸し付け、さらにコンサルティングも行い、ビジョンの実現に向けた役割を発揮している。JAにおいては、地域と農業がどうあるのが望ましいのか、という大きな枠組みをまず構想し、そのなかでJAはどのような役割を担うべきなのか、構想の実現のためにJAは何をするべきか、考えることが重要ではないか。農業融資について考えると、もちろん農業生産者を資金面で支援することそれ自体がよりよい地域像に繋がると考えてよいと思われるが、まずは地域農業のもっと具体的な将来像、例えば産地づくりなど農業生産のあり方や、農地集積や集落営農といった農地利用のあり方などを描くことが求められる。そのうえで、農業生産者をはじめとする組合員のニーズを喚起、把握する取組みを行い、資金面と非資金面の両方で支援する必要があるだろう。

　茨城県の連合会の取組みは、ビジョンによる方向付けとニーズの対応が上手く噛み合った事例と言える。茨城県では、JA離れの傾向が言われる農業法人や大規模農家の存在感が高まるなか、多様な生産者が支え

る地域農業を実現するために、信連と全農県本部が連携して大規模経営体との関係づくりを推進している。具体的な内容としては、商談会を開いたり、生産資材や農業機械の供給と融資枠の設定をセットで行ったりすることで、大規模経営体に合わせたサービスを提供している。特筆すべきは、事業間連携により総合事業体としての強みが発揮されているだけでなく、JAで対応しきれない部分を連合会がカバーする系統組織としての特性も生かされている点である。

　ここまでの考察から、次のように述べても差し支えないだろう。JAが信用事業の収益性を高める戦略として、地域のビジョンとJAの役割を構想し、その実現に向けて農業生産者をはじめとする組合員のニーズに応えていくことが有効である。ニーズを発掘し、対応するうえでは、地域に深く入り込める協同組織であること、そして総合事業体や系統組織としての特性が強みになる。

　ところで「はじめに」で取り上げられた二つの課題のうち、一つ目のJA信用事業の意義が問われている点にはまだ触れていなかった。なぜいまそのような疑問が投げかけられているかといえば、政府が進める農協改革の内容として、JAが経済事業により多くの経営資源を割けるようにすることを目的に、信用事業と共済事業にかかるリスクや事務負担の軽減が主張されているからである。これは信連や農林中金への信用事業の譲渡や代理店化、あるいは信共分離と繋がっている問題であり、こうした方針に立ち向かっていくためには、JA自身が考える信用事業の意義を、実際の取組みを通じて示していく必要がある。

　信用事業の意義を経済学的に考えると、JAの機能面と経営面の二つを想定することができる。機能面の意義はより重要で、その内容は金融によって組合員に経済的に奉仕すること、とりわけ組合員に資金を貸し付け、農業経営と家計を支援することである。また組合員から貯金を預かり利子を提供することもこのなかに含まれよう。経営面の意義は貯金などとして調達した資金を運用し、利鞘を得ることである。したがって、もしJAが組合員の資金ニーズに的確に対応することができ、結果とし

167

て信用事業の収益性が向上すれば、信用事業の意義も示されることになる。つまり信用事業の意義を示す戦略と、上で述べた収益性向上のための戦略は、繋がっていると考えられる。特に総合事業体であることを利用した取組みについて、組合員に理解し、評価してもらうことが重要だろう。

　JAは、その特性を生かしながら、厳しい時代を乗り切ろうと努力している。だが適切な施策を進めることができれば、単に乗り切ることができるにとどまらず、これまで以上に発展することもできるのではないか。本書の内容はその可能性を示しているように思われる。

〈執筆者〉

清水　徹朗	理事研究員	（第1章）
内田多喜生	取締役調査第一部長	（第2章）
古江　晋也	調査第二部主任研究員	（第3章）
田口さつき	基礎研究部主任研究員	（第4章）
長谷川晃生	食農リサーチ部部長代理	（第5章）
寺林　暁良	北星学園大学文学部専任講師	（第6章）
	（※調査第一部主事研究員）	
重頭ユカリ	調査第一部副部長	（第7章）
藤田研二郎	調査第一部研究員	（第8章）
宮田　夏希	調査第一部研究員	（第9章）
石田　一喜	調査第一部主事研究員	（第10章）
髙山　航希	調査第一部主事研究員	（第11章、あとがき）
斉藤由理子	常務取締役	（第12章、はじめに）

※は『農業協同組合経営実務』誌連載当時の肩書

◉**JA経営の真髄**

地域・協同組織金融と JA 信用事業

2019年10月1日　第1版第1刷発行

編著者	株式会社農林中金総合研究所
発行者	尾　中　隆　夫

発行所　**全国共同出版株式会社**
〒160-0011　東京都新宿区若葉1-10-32
電話 03(3359)4811　FAX 03(3358)6174

©2019 Norinchukin Research Institute Co., Ltd.　印刷／新灯印刷(株)
定価は表紙に表示してあります。　　　　　　　Printed in Japan

本書を無断で複写（コピー）することは，著作権法上
認められている場合を除き，禁じられています。